KB176210

# 좋은 대답을 해주고 싶어

Trouver les mots qui font grandir pour les aider à s'épanouir

Collect
12

아이의 어렵고 중요한 질문에 현명하게 답하는 방법

# 좋은 대답을 해주고 싶어

베르나데트 르무안, 디안 드 보드만 지음 김도연 옮김

동양북스

## 들어가는 말

아이들이 유아기를 지나 학교에 가는 나이가 되면 좀 더 풍성하게 소통하기 위한 말들이 필요합니다. 질문이 부쩍 많아진 아이들은 부모가 해주는 대답을 더 많이 생각하고, 더 쉽게 받아들입니다. 우리의 목표는 아이들이 가족과 학교와 사회 속에서 활짝 피어나도록 돕는 것입니다. 물론 이 책에서 제시하는 말들은 아이의 연령과 특성에 따라 적용해야 합니다.

이론적으로, 합리적인 사고를 할 수 있는 나이에 도달한 8세에서 13세 사이의 아이들은 새로운 문제가 거의 발생하지 않는, 좀 더 차분한 '잠복기'로 들어섭니다. 그러나 현실에서는 다양한 생활 방식과 스마트기기에서 비롯된 과도한 자극 때문에 사춘기에 도달하는 시기가 점점 빨라지고 있습니다. 아이들은 성인의 세계를 발견하면서 수많은 질문을 던집니다.

아동기와 청소년기 사이에 놓인 기나긴 간극 동안 아이의 변화를 이해하고 살펴주세요. 그리고 한 개인으로 완성되어가는 중요한 시기에 들어선 아이들과 동행할 시간을 가지세요.

차례



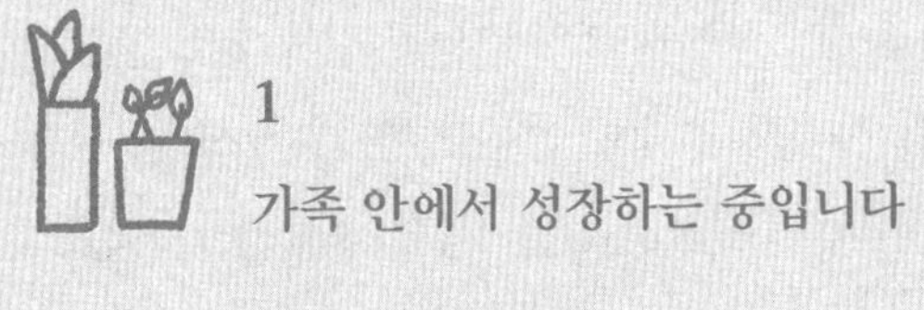

## 1
## 가족 안에서 성장하는 중입니다

## 2
## 학교에서 성장하는 중입니다

## 3
## 사회에서 성장하는 중입니다

## 4
## 가까운 사람의 고통을 마주한 아이에게



## 5
## 자기 자신을 발견하고 있는 아이에게

## 6
## 몸과 마음에 변화를 맞이한 아이에게

# 1

# 가족 안에서 성장하는 중입니다

가족의 일원으로 사는 것은 아이의 성장과 행복에 필수적인 요소입니다. 모든 가족은 나름의 특성과 가치, 역사, 습관 등을 가지고 있습니다. 비판적 사고를 할 수 있는 나이에 이르지 못한 아이는 자기도 의식하지 못한 채 가족의 일상적인 분위기에 젖어 들며, 그 특성을 물려받습니다. 피할 수 없는 어려움이 아무리 많더라도 가족은 아이가 성숙할 수 있는 최상의 조건을 제공하는 양육자이자 보호자로서 기능합니다.

# 왜 나도 집안일을 해야 해요?

## 가족의 정체성과 가치를 전달해요

아이는 더 넓은 세상에서 활동하기 전에 가족이라는 제한된 집단 안에서 성장하며 가족 구성원과 함께 사는 법을 배웁니다. 성숙한 가족은 개개인의 삶과 연결되어 있으며 다양한 활동을 함께하면서 기쁨과 고통, 책임감을 일상에서 공유하죠. 한 가족의 구성원은 나이나 성격, 취향이 각자 다릅니다. 그럼에도 불구하고 같은 지붕 아래서 함께 사는 법과 서로를 용인하며 존중하고 서로 사랑하는 법을 배우는데, 이를 위해서는 각자의 일상적인 노력이 필요합니다.

## 기억하기

- 설혹 안 좋은 문제가 있는 가정이라 해도 그 안에서 성장할 수 있다는 것을 아이가 알게 해주세요. 완벽한 가정은 존재하지 않습니다.

- 부모가 중요하게 여기고 물려주고 싶은 가치들에 대해 아이가 조금씩 관심을 갖게 해주세요.

- 받기만 하는 것이 아니라 주기도 해야 한다는 것을 아이에게 가르쳐주세요. 아이가 가정생활에 참여하도록 하고, 이때 아이의 나이를 고려해 할 수 있는 일을 시키세요. 자기 물건 잘 챙기기, 심부름하기, 동생 돌보기, 떨어진 단추 달기, 간단한 식사 준비하기, 빨래 널기 등은 어떨까요?

- 아이의 놀이에 참여해보세요. 함께 놀면서 시간을 보내면 아이가 몹시 즐거워하며, 부모는 이런 시간을 통해 아이의 또 다른 특성들을 알게 됩니다.

- 맛있는 음식 만들어 먹기, 영화 보기, 저녁에 함께 놀기, 나들이 가기, 기념일과 생일 챙기기, 특별한 외출하기, 여

행 가기, 깜짝 파티 열기 등 가족들에게 즐거움을 더해주는 이벤트를 정기적으로 만들어보세요.

- 실현 가능한 방법을 계획하여 자녀 한 명씩 단둘이 데이트하는 시간을 정기적으로 가져보세요. 둘이서만 외식을 하거나 카페에 가거나 산책을 하는 것도 좋겠죠. 아이는 엄마 아빠와 단독으로 즐기는 순간을 소중하게 느끼고 잊을 수 없는 추억으로 간직합니다.

- 애정이 넘치는 평온하고 따스한 분위기를 유지하도록 노력해보세요. 이를 위해서는 힘든 일이나 스트레스를 말로 표현하고 정리해야 합니다. 좋은 분위기는 아이에게 내적 평안과 안전감을 줍니다.

- 주위에 도움이 필요한 사람이 있을 때 호의적으로 도울 수 있는 방법을 생각하고 부모 스스로 실천하여 아이에게 본을 보입니다.

**"다른 집 가족이 부러워요."**

- 세상에 완벽한 가족은 없어. 우리는 네가 우리 아들(딸)이라는 것이 행운이라고 생각한단다.

**"동생에게 왜 양보해야 하나요?"**

- 네가 인내할 줄 알고, 정직하고 배려 있는 사람이 되었으면 좋겠어. 그런 성품이 몸에 배려면 노력이 필요하지만 그래도 꼭 지켰으면 해.

**"저도 집안일을 꼭 해야 해요?"**

- 이제 넌 도움이 필요하지 않아. 이불 정리도 잘하고 네 할 일도 잘하니까 말이야. 그런데 동생은 아직 잘 못하잖아. 네가 동생 좀 도와줄래?

- 넌 작은 일을 부탁하는데도 거절하는구나. 그러면 우리가 너를 위해 하는 모든 일은 당연한 거라고 생각하니?

### 조심하기

우울하거나 지루한 집안 분위기나 창의성 없는 환경.

### 제안

- 생일을 맞은 형제자매와 함께 놀거나 작은 선물을 직접 만들어서 전해주라고 이야기해보세요.
- 가족끼리 대화하는 시간을 정기적으로 가져보세요. 지난 시간 동안 각자 어떻게 지냈는지를 얘기하고 해야 할 일이나 개선점을 이야기합니다.
- 가족 구성원 사이에 긴장이 흐르는 상황이 오면, 긴장을 누그러뜨리고 부드럽게 만들기 위해 유머를 사용하거나 다른 방법을 찾습니다.
- 대화의 방향이 처음부터 어긋났다는 생각이 든다면 아이에게 "기다려. 처음부터 잘못됐으니 다 지우고 다시 시작하자!"라고 말해보세요. '지우개'는 최상의 조건에서 다시 시작할 수 있게 해주는 실용적인 도구입니다.

- 가족과 함께할 수 있는 새로운 취미를 만들어보세요. 예를 들면 다 함께 시간을 내어 새로운 스포츠에 도전하거나 요리를 해보는 것도 좋습니다.

- 집에서 자주 오가는 장소(현관, 주방 등)에 칠판을 걸어놓고 각자 감사의 말을 써보는 건 어떨까요? 예를 들면, "친구 생일에 데려다줘서 고마워요", "할아버지, 우리 집에 와주셔서 고맙습니다", "맛있는 밥 고마워요" 같은 문구를 쓸 수 있겠죠.

# 할아버지는 어떤 분이셨나요?

가족의 역사를 알려주며
소속감과 안도감을 느끼게 해요

과거를 알면 미래를 향해 나아갈 힘이 생기고 현재를 살아가는 자신의 정체감을 확립할 수 있습니다. 아이는 가족 안에서 사회생활을 배우기 시작하다가 점차 가족 이외의 더 넓은 사회와 사람들, 다양한 생활방식을 발견합니다. 그리고 성장할수록 자신의 뿌리, 즉 가족의 기원에 궁금증이 생기지요. 현대 사회에서 각 개인과 가족의 변화가 점점 더 커짐에 따라 뿌리를 알고자 하는 욕구는 더욱더 강해질 수밖에 없습니다.

아이들은 부모가 태어나기 이전의 과거까지도 포함하여 '예전에 어땠는지'를 무척 알고 싶어 합니다. 과거는 아이에게 몹시 매력적으로 느껴지는 미지의 세계이거든요. 아이는 과거에 대해 잘 안다고 생각하는 조부모에게 많은 질문을 던질 수도 있습니다.

- 아이가 자신이 태어났을 때나 유년기에 있었던 일과 같이 자기에 대한 이야기를 자주 묻는 것은 정상적인 일이며 바람직한 신호입니다. 아이의 물음에 기꺼이 이야기해주세요.

- 가족의 역사를 물어보면 적극적으로 대답해주세요. 그 역사는 수많은 존재가 빚어낸 결실입니다. 따라서 아이는 자신이 태어나기 이전에 무슨 일이 있었는지 더욱 많이 알아야 합니다. 윗대에 있었던 일들이 명예로운 일이 아니더라도 사실 그대로 알려주세요. 아이가 집안의 역사를 궁금해하는 건 자연스럽고도 건강한 일입니다.

- 아이가 가족사에 대해 질문하지 않는 경우에도 가족의 역사에 자연스레 관심을 갖도록 하고 호기심을 자극합니다. 이 주제에 대해 아이와 함께 얘기하고 옛날 사진이나 물건을 보여주세요. 이는 과거의 유산을 기억하는 부모나 조부모가 해야 할 역할이죠. 언젠가 아이 또한 자기 가족에게 이렇게 내려온 과거의 유산을 전해줄 것입니다.

- 가족의 고유한 특성이 무엇인지 생각해보고, 그중에서 아이가 긍정적인 면을 활용하고 개발할 수 있도록 도와주세요. 예를 들어, 뛰어난 운동 능력이나 친절한 성격이 가족의 특성이라면 이런 점을 적극적으로 개발합니다. 만일 물려주고 싶지 않거나 아이가 닮지 않았으면 하는 부분(인색한 성격 등)이 있다면 그런 특성은 최소화하거나 억제할 수 있도록 가르칩니다.

- 식구들 험담을 하지 마세요. 비난받을 만한 행동을 했거나 지금도 그런 행동을 하는 가족이라도 험담하지 말아야 합니다. 그들이 저지른 과오에 대해선 진실을 말하되, 개인 자체는 반드시 존중해야 합니다. 아이는 선과 악을 구분하는 법을 배우는 게 중요합니다. 그러나 행동과 말이 잘못되었다고 해도 그런 잘못을 저지른 사람 자체를 비난해서는 안 되며, 이 둘을 구분하는 법을 배워야 할 필요가 있습니다.

- 집안 어른들이나 한집에 사는 가족의 삶을 수놓은 중요한 사건들, 생일이나 결혼기념일과 같은 날을 축하하고 기억합니다.

**"우리 가족에 대해 알고 싶어요."**

- 네가 태어나기 이전에 우리 가족에게 어떤 일이 있었는지, 그리고 네가 잘 알지 못하거나 전혀 모르는 집안 어른들이 어떤 사람들이었고 어떻게 살았는지 알게 된다면 너도 행복할 거야.

- 식물처럼 우리에게도 뿌리가 필요해. 뿌리는 영양분을 흡수해서 성장하게 해주지. 뿌리가 단단히 박혀 있다고 느낄수록 우리는 더욱더 단단해져.

- 너도 나중에 가정을 꾸린다면 네가 우리 가족에게서 받은 것을 네 아이에게 전달해주게 될 거야.

- 네가 기억하지 못하는 아주 어릴 때의 일부터 지금까지, 겪은 일들이 모두 좋았던 건 아니겠지만 네게는 모두 근사한 역사가 되는 거란다.

- 할머니가 그러셨던 것처럼 나도 명절 때마다 가족들이 서로 모이는 게 좋아.

**"그분은 너무 나쁜 사람 같아요."**

- 너는 그 사람을 계속해서 사랑할 수 있어. 하지만 그 사람이 한 행동과 말은 좋지 않은 거고, 따라 해서도 안 돼. 그건 나쁜 행동이야. 그러나 나쁜 말이나 행동을 한 번 했다는 것만으로 그 사람을 섣불리 판단할 수는 없어. 말과 행동이 그 사람 자체는 아니거든. 죄는 미워해도 사람은 미워할 수 없는 거란다.

## 조심하기

- 아이가 질문할 때 귀찮게 한다고 생각하며 대답하지 않는 것.
- 아이에게 해로운 영향을 끼칠 수 있는 옛 가족이나 현재 가족의 비밀을 얘기하는 것.
- 다른 사람을 비난하는 것.

제안

- 사진첩을 아이의 손이 닿는 곳에 두세요. 지금은 가족 구성원이 예전보다 훨씬 더 흩어져 살기 때문에 서로를 결속하는 방법이 필요합니다. 사진은 가족을 서로 이어주는 중요한 연결 고리 역할을 합니다.
- 아이와 함께 가계도를 만들어보세요. 가계도를 통해 아이는 자신이 어디서 왔는지를 알 수 있고 가족 내에서 자신의 자리를 알게 됩니다. 가족에 대한 소속감은 자기 확신을 키우는 데 매우 중요합니다.
- 가족 모임이나 명절 모임을 하고, 사촌들과 함께 휴가를 보내보세요. 각자의 자유를 존중하면서 친척들과 함께 시간을 보내는 일은 특히 성장하는 아이들이 소속감을 갖는 데 큰 도움을 줍니다.
- 아이들과 함께 가족 대화방을 만들어 소식을 나누세요. 또는 조부모와 다른 친척들도 참여하는 가족 전용 인터넷 커뮤니티를 만들어 서로의 소식을 주고받는 건 어떨까요?

- 생일과 같은 특별한 날을 기회로 삼아 아이에게 아이가 자라온 이야기를 해주세요.
- 아이를 조부모나 그 윗대 선조들의 묘지에 데리고 가보세요.

# 엄마 아빠는 누나만 좋아하잖아요

## 형제 관계에서 자신의 자리를 찾을 수 있도록 도와주세요

형제자매는 기질이나 성격, 취향이 다른 경우가 아주 흔하고, 같은 일에도 똑같은 반응을 보이지 않죠. 자녀들은 가족 내에서 저마다 특정한 자리를 차지하는데, 이로 인해 갈등이 생길 수 있고 조화로운 일상에 균열이 생기기도 합니다. 화목하게 살아가기 위해서는 다른 사람을 배려하고 함께 협력하며 서로 나누는 것을 배워야 합니다. 다행히도 아이들은 성인이 되면 경쟁과 다툼을 하기보다는 대개 원만히 화합하며 지냅니다.

## 기억하기

- 아이마다 다른 기질과 성격을 고려하여 아이를 대하는 태도나 이야기를 들어주는 방식을 달리합니다.

- 아이의 취향과 나이에 따라 흥미로워할 일을 계획하여 의미 있는 시간을 갖습니다.

- 아이들을 서로 비교하지 않습니다. 자칫하면 질투심을 유발할 수 있습니다.

- 아이들이 서로를 비교하지 않도록 가르칩니다. 자녀 각자에게 맞는 방식으로 사랑을 보여주어야 합니다. 각각의 아이 모두 특별하다는 사실을 잊지 마세요.

- 아이들이 싸울 때, 다른 형제자매의 장점을 볼 수 있게 해줍니다. 형제자매에게 다정하게 대하도록 요구하고, 싸움의 발단이 된 아이에게는 행동을 고치도록 지도합니다.

- 동등함이 공정한 것은 아님을 유념합니다. 부모는 자녀들을 다르게 대할 수 있는데 이를 공정하지 않다고 생각

할 필요는 없습니다.

- 질투하는 아이는 심적 고통을 겪고 있는 것입니다. 아이가 자기 안으로 숨어들거나 다른 이들에게 공격적으로 행동하는 일을 예방하려면 아이를 세심히 돌봐야 합니다.

- 아이들끼리 크게 다툰 뒤에는 각 아이의 말을 찬찬히 들어주고 자신의 감정을 표현하게 합니다. 그러고 나서 아이들이 다툼의 원인을 객관적으로 볼 수 있도록 도와주고 가능하다면 서로 화해하도록 유도합니다. 이렇게 하면 아이들이 같은 잘못을 되풀이하는 일을 피할 수 있습니다.

## 대화하기

**"엄마 아빠는 누나에게만 관심 있는 것 같아요."**

– "내가 너보다 누나 공부에 더 신경 쓰고 시간을 더 내어준다는 건 사실이야. 하지만 누나는 곧 중요한 시험을 봐야 해. 그래서 지금은 어쩔 수 없단다. 누나 공부를 다 도와주고 나면 너도 도와줄 수 있어. 그때 너한테 뭘 해줘야

할지 말해주겠니?"[1]

- 너는 누나처럼 아주 늦게 자고 싶어 해. 물론 나도 네 맘을 이해는 해. 하지만 누나 나이가 되면 너만큼 많이 잘 필요는 없단다. 그리고 너는 동생보다 더 늦게 자잖니.

**"나는 동생보다 잘하는 게 없는 것 같아요."**

- 우리 가족은 무지개 같아. 너희는 모두 다르고 너희 한 사람 한 사람 모두가 중요하단다. 무지개가 아름다운 이유는 온갖 색깔이 다 모여 있기 때문이야.

- "우리는 모두 달라. 그러니 서로 비교하거나 경쟁할 필요가 없어. 비교한다고 엄마 아빠가 더 사랑해주는 건 아니란다. 너는 네 장점과 단점을 모두 인정하고, 있는 모습 그대로의 너 자신이 되어야만 해."[2]

- 누구든지 장점을 가지고 있어. 얼마나 좋은 일이니! 너도 네 장점을 발전시켜야 해. 너 자신과 다른 사람들을 위해서 말이야. 너의 장점을 동생(누나, 오빠 등)은 갖고 있지 않으니 그걸 활용해서 동생을 도울 수도 있어. 그리고 동생은 너와는 다른 장점을 가지고 있으니 언젠가 널 도울 수 있을 거야. 그렇게 서로 돕는 거지.

"왜 저만 해야 해요? 동생도 있잖아요."

- 무조건 동등하게 대하는 건 공정한 게 아니야. 사람마다 상황에 맞는 좋은 결과를 줄 때 공정하다고 말할 수 있어. 생각해 봐. 너희는 나이도 다르고, 좋아하는 것도 달라. 다행히도 말이야. 그러니 너희를 똑같은 방식으로 대하는 것은 옳지 않아.

- 가끔 너한테 네 동생보다 심부름을 더 많이 시키는 건 맞아. 하지만 동생한테는 다른 일을 시킨단다. 심부름 때문에 불만이 있다는 건 나도 이해해. 그게 불공평하고 짜증나고 힘들다고 느낀다는 것도 알아. 하지만 네가 지금보다 더 어렸을 때는 난 널 위해 모든 걸 다 해줬어. 지금은 네가 좀 더 컸으니 너 자신을 위해 스스로 할 수 있는 일들이 있지 않겠니? 그리고 이젠 다른 사람들에게 도움을 줄 수 있는 나이도 됐어.

- 사람은 자기 자신만을 위해 살지는 않아. 우리는 나이에 따라, 그리고 각자 할 수 있는 만큼 서로 도우면서 함께 살아. 그러니 네가 이해해줬으면 좋겠다. 심부름이 언제나 즐거운 건 아니지만 네가 좋은 마음으로 하면 그만큼 보람을 느낄 수 있을 거야.

## 조심하기

- 가족 구성원을 관리한다는 명목으로 자녀들을 한 바구니에 담아 동일하게 취급하는 것.
- 긍정적이든 부정적이든 서로를 비교하는 것. 비교는 우월감이나 열등감을 느끼게 하며 경쟁과 질투를 유발합니다.
- 다른 자녀 모르게 한 자녀에게만 선물을 주거나 비밀을 얘기하는 것.
- 아이들이 다른 형제자매에게 "동생(누나/형/언니/오빠)의 행동(방식/태도)이 싫어"라고 말하지 않고 "동생이 정말 싫어!", "동생은 꼴도 보기 싫어!", "동생이 미워죽겠어!"라고 말하도록 내버려두는 것.

## 제안

- 가족의 결속력을 높이기 위해 정기적으로 '가족회의'를 열어 각자 그동안 어떻게 지냈는지, 각자가 해야 할 일이나 개선해야 할 점이 있는지도 이야기해보세요.

- '기분상자'[3]를 만들고, 자녀와 함께 기분을 나타내는 색깔을 정해보세요.(회색: 피곤함, 검은색: 슬픔, 빨간색: 화남, 노란색: 즐거움 등.) 식구들이 돌아가며 기분상자 위에 현재 자신의 상태와 어울리는 색깔의 종이를 올려놓고, 자기가 지금 어떤 기분인지를 얘기합니다. 기분상자는 다른 사람의 감정 상태를 알게 해주고, 이를 통해 좀 더 세심하고 주의 깊게 관심을 가질 수 있도록 도와주는 도구입니다.

# 왜 항상 나만 못 하게 해요!

부모가 원하는 건 무엇보다
아이를 위한 것이라고 설명해요

"난 우리 가족이 지긋지긋해! 날 이해해주는 사람은 아무도 없어. 날 믿어준 적도 없어. 다들 원하는 대로 하는데 항상 나만 못 하게 해! 계속 이런 식으로 하면 난 다른 집으로 가서 살 거야!"

남의 떡이 더 커 보인다는 속담처럼 아이들은 종종 이런 불만을 터뜨립니다. 그리고 부모는 아이가 하는 비난에 상처받기도 하지요. 그러나 이 나이의 아이들은 분노가 삶의 일부이며 행복을 방해한다는 사실을 아직 알지 못합니다. 무엇보다 중요한 것은 좋은 방향으로 아이들을 이끌고자 하는 부모의 마음을 드러내는 것입니다.

## 기억하기

- 아이의 분노가 가라앉을 때까지 기다린 뒤, 아이가 이해하지 못하는 이유와 분노하고 화내거나 반항하는 이유가 무엇인지 들어보고 함께 이야기를 나눕니다.

- 가족마다 살아가는 방식이 다르다는 사실을 아이에게 설명합니다. 그중 어떤 방식은 매력적으로 보일 수 있겠지만 그럼에도 불구하고 왜 이런 교육 방식을 선택했는지 이유를 이해할 수 있게 알려주세요. 그리고 가족이 선택한 방식을 존중하도록 합니다. 부모는 자신의 경험과 확신을 바탕으로 장차 아이를 가장 좋은 길로 이끌어줄 교육 방식을 선택한 겁니다. 예컨대, 부모가 아이에게 단체운동을 시킨다면, 그 이유는 아이의 신체 기능을 자극하고 균형감을 길러주며 다른 아이들과 관계를 맺고 발전시키는 법을 알려주기 위해 선택한 거죠.

- 외부에서 제삼자의 눈으로 보면 부정적인 면보다 긍정적인 면이 훨씬 더 잘 보이게 마련입니다. 아이가 이런 사실을 이해할 수 있도록 잘 설명해주세요. 우리 집이든 다른 집이든 완벽한 가정이란 존재하지 않으니까요.

- 부모가 내린 결정 중에 바꿔야 할 것이 있다면 그 이유를 잘 생각해보세요. 다른 가정의 효과적인 방식을 겸허하게 받아들이고 거기에서 영감을 얻어 창의적으로 적용하는 것도 좋겠죠. 아이는 어른이 자기 방식만 고집하지 않고 좀 더 나은 방법을 고민하는 모습을 볼 때 훨씬 많은 것을 배웁니다.

대화하기

---

(아이가 화가 나서 소리를 지른다면)

- 네가 원하는 게 뭔지 잘 알겠어. 네가 화를 좀 가라앉혀야 그 얘기를 진지하게 해볼 수 있어.
- 네가 그렇게 소리 지르고 화만 내면 너와 말할 수 없고 말하고 싶지도 않아.

**"친구는 방학 내내 유럽 여행을 했대요."**

- 친구네 가족이 유럽 여행을 갔다고? 정말 대단하다. 친구 가족은 아주 멋진 경험을 했겠네. 그런데 넌 그동안 할머니 할아버지 댁에 가기도 했고, 캠핑을 가서 새로운 친구들을 사귀기도 했어.

- 그렇구나. 네가 부러워하는 게 뭔지 알겠다. 하지만 너도 모든 가족이 다르다는 걸 알고 있지? 가족마다 다른 장점이 있다는 것도 잘 알 테고 말이야. 우리 집에는 이러이러한 좋은 점들이 있어. 그리고 넌 그걸 누리고 있지. 너는 ~를 할 수 있고, ~를 볼 수 있는 기회가 있지만 아마 그렇지 않은 친구들도 많을 거야. 모든 걸 다 가질 수 있는 사람은 없으니까.

"방학인데 그냥 좀 놀면 안 돼요?"

- 우리는 널 괴롭히려고 이런 걸 요구하는 게 아니야. 물론 이 일이 너한테 어렵다는 것도 알고, 네가 싫어한다는 것도 알아. 하지만 우리는 경험을 통해 이게 너한테 가장 좋은 방법이라는 걸 알고 있어.

- 지금은 힘들겠지만, 나중에 네게 어려운 일이 닥치면, 이 일은 네게 도움이 되고 널 강한 사람으로 만들어줄 거야. 좋은 습관을 지니려면 지금부터 시작해야 해.

- 나중에 네 아이가 너한테 그런 말을 하면 뭐라고 답할 것 같니? 너는 아이를 사랑하고 아이에게 가장 좋은 걸 해주고 싶을 거야.

- (다시 생각해볼 여지가 있을 때) 그래, 알겠다. 아빠(엄마)와 다시 한번 생각해보자.

**"친구네 집이 부러워요."**

- 그 집에 대해 네가 다 알 수는 없어. 넌 단지 어느 한 부분만 볼 수 있는 거야. 사람들은 보통 자기가 부러워하는 가족이 있으면 그들이 가진 좋은 점이나 멋져 보이는 것, 행복해 보이는 부분만 보기 마련이야. 문제가 있거나 좋지 않은 부분을 보는 건 훨씬 어려워. 모든 게 다 좋고 완벽한 가족은 없어.

- 사람들은 자기 가족에게서 문제점이나 부족한 점만을 보곤 해. 그 반대로 다른 가족에게선 그들이 가진 것이나 허용된 것들을 보지.

조심하기

---

• 아이의 말을 듣지 않는 것.

• 아이 말을 듣지도 않고 설명해주지도 않은 채 일방적으로 말하는 것. 이를테면, "나중에 크면 알게 돼", "원래

그런 거야. 뭘 더 바라!" 같은 말들.

제안

- 친구들이 집에 오는 걸 좋아한다면, 친구들이 우리 집을 편하게 느껴서 그러는 것임을 아이에게 알려줍니다. 누구나 자신의 집보다 다른 집이 좋아 보일 때가 있다는 것도 되새겨주세요.

# 제 친구가 입양된 아이래요

## 입양에 대해 아이가 이해하도록 도와주세요

아이를 입양하는 것은 존경받을 일이지만 결코 쉬운 일이 아닙니다. 친부모와 떨어져 마음에 상처를 입은 아이에게 가장 큰 선물은 새로운 가족이 생기는 일일 것입니다. 애착관계의 단절은 두고두고 트라우마로 남습니다. 그럼에도 불구하고 이들이 지닌 친부모의 이미지를 보전하는 건 무척 중요하죠. 만약 입양 아동이 자신이 사랑받을 자격이 없다는 생각으로 힘들어한다면, 잘못된 죄책감과 연결된 감정 때문이라는 걸 이해하고 다정하고 사려 깊게 아이를 감싸주세요. 그리고 입양은 다양한 가족의 형태 중 하나일 뿐이라는 걸 아이가 이해하도록 해주세요.

기억하기

- 주위에 입양 아동이 있다면 아이가 질문할 때까지 기다리지 말고 입양이란 주제에 대해 미리 운을 떼고 입양의 긍정적인 면을 말해줍니다.

- 입양 아동이 태어난 지 얼마 안 되어 겪었을 어려움들을 아이가 이해할 수 있게 도와줍니다.

- 입양 아동을 편견 없이 대하고, 부적절한 질문을 하거나 출생에 대한 이야기로 상처를 건드리지 않도록 주의를 줍니다. 이를테면, "너는 왜 너희 엄마 아빠랑 닮지 않았어?", "네 엄마는 진짜 엄마가 아니야!" 같은 말을 하면 안 된다고 알려주세요.

대화하기

**"제 친구가 입양된 아이래요."**

- 네 친구는 아마 친부모가 아이를 키울 여력이 없었던 모양이야. 그래서 자기 아이를 늘 사랑해주고 자기네 대신 잘 키워줄 부모에게 맡긴 거지. 네 친구는 영원히 지금

부모님의 아이가 된 거야.

- 낳아준 부모는 아이에게 삶을 선물해준 분들이고, 입양한 부모는 아이가 자기 품 안에서 잘 자라도록 양육하는 분들이야.

- 낳아준 부모 밑에서 자랄 수 없다 해도 그건 아이의 잘못이 아니야. 벌을 받은 것도 아니고. 더더구나 아이가 보잘것없는 사람이어서 친부모와 떨어져 산다는 의미는 전혀 아니야. 오히려 그 반대지. 지금의 부모는 귀중한 보석을 맡듯 아이를 맡아서 소중히 여기고 사랑하며 키우는 거란다. 아이가 잘 성장하고 행복해지기를 바라면서 말이야.

- 입양은 아이에게 가족을 주는 것이 아니라 가족에게 아이를 주는 거야.

- 어떤 부모는 건강상의 이유로 아이를 갖지 못해. 하지만 마음만은 사랑으로 가득 차 있어서 누군가가 아이를 낳았지만 키울 수 없을 때 그 사람의 아이에게 사랑을 주기로 결심한단다.

- 이미 자녀가 있는데도 입양해서 더 큰 가족을 이루어 살겠다고 결심하는 부모들도 있어. 그중에는 장애가 있는 아동을 입양하는 사람들도 있단다. 장애 때문에 부모 없이 살아야 할 위험에 처한 아이를 자기 아이로 받아들이는 거야.

**"친구를 대하기가 어려울 때가 있어요."**

- 입양된 아이가 아니더라도 어릴 때 마음에 상처가 생겼다면 간혹 무척 힘들어하면서 자신은 아무것도 아닌 존재라고 생각하는 경우가 있어. 심지어 자신이 나쁜 아이이고 사랑받을 자격이 없다고 생각하는 경우도 있지. 그래서 자기 자신을 미워하고 다른 아이들이 싫어하는 행동을 일부러 하다가 따돌림 당하면 그걸로 스스로 벌을 준다고 생각하기도 해. 그 아이는 힘들어하고 있는 거야. 자신이 정말로 사랑받고 있는지 확인하려고 그러는 것일 수도 있어. 친구를 사랑하는 마음을 잊지 말고 늘 진심으로 대해보렴. 친구의 행동이 마음에 안 들 때가 있다고 해도 말이야. 그 아이는 곧 자신이 사랑을 받을 자격이 있고 자기가 받는 사랑이 진짜라고 믿게 될 거야.

### 조심하기

- 입양 아동에 대해 편견을 갖고 자녀에게 그 아이를 험담하는 것.
- 아이가 입양 아동에게 상처가 되는 말을 하게 놔두거나 그 아이에 대한 험담을 하게 내버려두는 것.
- 입양에 대한 언급을 금기시하는 것.

### 제안

- 입양 아동이 다른 나라에서 온 경우, 출신국가와 역사, 문화 등에 관심을 가져보세요.

# 엄마 아빠는 왜 싸워요?

## 아이의 정서적 필요를 존중해주세요

부부는 중요한 일뿐만 아니라 사소한 일들에 대해서도 서로 다른 의견을 갖는 게 당연합니다. 의견이 일치하지 않을 때 대화는 작거나 큰 다툼으로 이어지기도 하죠. 문제는 부모가 다툴 때마다 아이는 불안과 두려움을 느낀다는 것입니다. 따라서 정서적으로 안정된 아이로 키우기 위해서는 부모가 사이좋게 지내는 것이 중요합니다. 그렇지 않으면 아이는 부모가 싸우는 원인이 자기 때문이라고 생각하는 경향이 있습니다.

- 사소한 일이라면 아이 앞에서 부모의 의견이 다르다는 것을 보여줍니다. 차분하게 의견을 교환하는 모습은 아이에게 득이 됩니다. 아이는 서로를 존중하면서 토론할 수 있다는 사실을 알게 되고, 자신이 안전하다는 느낌에 별다른 영향을 받지 않죠. 아이는 두 사람이 다른 의견을 가질 수 있지만 성숙한 토론을 통해 서로 의견을 조정해 가는 과정을 보게 되는데, 이런 방식은 훗날 아이가 자신의 배우자와 좀 더 조화로운 관계를 맺을 수 있도록 도와줍니다.

- 교육과 같은 중요한 문제에서 부부의 의견이 일치하지 않는다면 언제나 아이가 없는 장소에서 이야기하세요. 어른이라면 자신의 행동에 책임감을 느끼고 발언권이 없는 아이를 배려해야 마땅합니다. 사이가 좋을 거라고 기대했던 부모가 격렬히 다투는 모습을 목격할 경우, 아이는 극심한 불안에 사로잡힙니다. 중요한 일을 두고 자녀 앞에서 싸우는 일이 많을수록 부모 한쪽이 아이를 자신에게 이로운 방향으로 통제하려는 경향이 있습니다.

- 자신이 쉽게 흥분하며 폭발하는 성격인지, 이와 반대로 침묵해버리는 성격인지 돌아보세요. 스스로 성찰하는 것은 화가 났을 때 소리를 지르거나 입을 다물어버리는 행동을 피하기 위해서입니다. 이런 행동은 아이에게 두려움을 주고 심지어 트라우마도 남길 수 있습니다. 만일 아이가 옆에 있다면 배우자와 나중에 이야기하거나 아이가 없는 곳으로 자리를 옮기세요. 부모가 공격적인 언행을 내뱉거나 폭력을 사용하며 싸우는 모습을 자주 목격한 아이는 성인이 된 후 이런 행동을 똑같이 답습할 위험이 있습니다.

- 혹시 아이가 부부싸움을 보았다면, 부모가 같이 와서 다툼은 다 끝났고 싸움의 원인이 아이 때문이 아니었다고 얘기하며 용서를 구합니다. 아이는 이로써 자신이 안전하다고 느낄 수 있습니다.

## 대화하기

**"엄마 아빠, 왜 싸워요?"**

- 너도 봤겠지만, 엄마 아빠는 의견이 서로 달랐어! 별것도

아닌 일 때문에 싸웠단다. 엄마 아빠는 여러 가지 일에서 서로 다르게 생각하는 경우가 많아. 그건 정상이야. 사람들이 항상 같은 의견을 가질 수 있는 건 아니거든. 하지만 엄마 아빠는 서로의 말을 들으면서 결국 해결책을 찾아냈어.

- 엄마 아빠가 모든 일에 같은 의견을 갖지 않는다고 해도 우리는 언제나 서로를 사랑한단다.

**"엄마랑 아빠가 싸우는 걸 봤어요."**

- 엄마 아빠가 싸우는 걸 보고 마음이 정말 안 좋았지? 미안하다. 우리도 가끔은 서로의 의견을 받아들이는 게 힘들 때가 있어. 하지만 결국은 서로를 이해했단다. 엄마 아빠는 화해했어. 이제 다 괜찮으니까 안심해도 돼. 그리고 무엇보다 엄마 아빠가 싸운 건 너하고는 전혀 상관없어. 네가 잘못한 건 하나도 없단다.

## 조심하기

- 부부싸움을 온 가족이 알게 하는 것.
- 아이가 있을 때 부부싸움을 하는 것.
- 말이나 행동으로 배우자를 무시하는 것.

## 제안

- 우리 자신이나 자녀를 위해 우리에게 익숙한 감정들을 해석하고 표현하는 법을 배워보세요.
- **카드나 감정바퀴**(미국 심리학자 로버트 플루치크가 인간의 여덟 가지 감정 즉, 기쁨, 신뢰, 공포, 놀람, 슬픔, 혐오, 분노, 기대를 조합하여 만든 바퀴 모양의 표. 이 표를 이용해 아이들에게 오늘의 감정을 물어보고 서로 얘기하는 시간을 가질 수 있다. – 옮긴이 주), **언어 막대기**(인디언이 처음 사용했다고 알려진 도구로, 다른 사람들 앞에서 말을 하는 데 두려움을 느끼는 사람들에게 도움을 준다. 회의 등에서 막대기를 순서대로 돌려 막대기를 잡은 사람이 말하면 다른 사람은 그 사람의 말을

경청한다. 막대기는 권위와 책임감을 상징하며, 막대기를 사용하면 아이가 자신을 표현하는 데 도움을 줄 수 있다. 우리나라에서 마이크 대신 숟가락을 들고 얘기하는 경우를 상상하면 될 듯하다. - 옮긴이 주) 등을 가정 내에서 손쉽게 사용할 수 있는 곳에 두면 도움이 됩니다.

- 의견이 충돌하기 쉬운 민감한 주제들을 판별하고, 그런 주제를 얘기할 때는 부부 단둘이 있을 때만 합니다.

# 스마트폰 보면 왜 안 돼요?

## 스마트기기에 접속했을 때 발생할 수 있는 구체적인 위험을 알려주세요

요즘 세대 아이들이 자라나는 환경은 20년 전과 판이하며, 변화의 주역은 바로 스마트기기입니다. 텔레비전, 컴퓨터, 게임기, 스마트폰, 태블릿과 같은 기기들은 오늘날 우리 일상에서 큰 부분을 차지하죠. 그런데 스마트기기로 하는 활동은 많은 위험을 야기하며 기기 자체도 중립적이지 않습니다. 이들 기기를 과도하게 사용하면 아이의 균형적인 발달에 해를 끼쳐서, 사고 능력과 학습 성과가 저하되고 수면에 방해를 주며 정서적으로 불안정해진다는 과학적인 연구 결과는 이미 널리 알려져 있습니다. 안전하지 않다는 감정과 공격적인 행동을 높이기도 합니다. 이런 기기들을 적절하게 이용하는 것은 오늘날 교육에 있어서 새로운 도전이라고 할 수 있습니다.

## 기억하기

- 욕구를 매번 충족시킬 수 없다는 사실을 알게 합니다. 일상에서 꾸준히 교육하면 아이는 자기가 원한다고 모든 것을 가질 수 없으며, 모든 걸 할 수 없다는 걸 알게 됩니다.

- 아이와 함께 여러 활동으로 가득 찬 시간표를 짭니다.(운동, 친구들과의 외출, 단체 게임, 독서 등.) 또한 간단한 집안일에도 참여하게 합니다.(상 차리기, 쓰레기 버리기, 반려견 산책시키기 등.) 이런 일을 통해 아이가 스마트기기에 쏟는 시간을 좀 더 쉽게 줄일 수 있습니다.

- 다음의 '네 가지 하지 않기' 규칙을 엄격하게 적용합니다.[4] 아침에 스마트기기 하지 않기, 식사 중에 하지 않기, 자기 전에 하지 않기, 방에서 하지 않기. 정신과 의사인 세르주 티세롱의 조언들도 적극적으로 받아들일 필요가 있습니다. 그는 9세 이전에는 인터넷을 금지하고, 9세부터는 부모가 옆에 있을 때만 인터넷을 허용하며, 12세부터 혼자서 인터넷을 사용할 수 있게 허용하나 부모의 강력한 통제가 있어야 한다고 조언합니다.

- 자녀의 나이, 학교 수업, 참여하는 활동들의 일정에 따라 스마트기기에 대한 규칙을 세우고 따르게 합니다. 이를테면 인터넷 하는 시간을 정하고, 정해진 시간만큼만 허용하며, 일부 애플리케이션(이하 앱)은 금지하는 방식으로 규칙을 정할 수 있습니다. 또한 스마트기기를 올바르게 제한하는 방법을 찾아보세요. 너무 엄격하게 금지하는 것도 좋지 않습니다. 과도하게 통제하면 아이들은 심각한 욕구불만을 겪을 수 있습니다.

- 스마트기기를 제한하는 이유에 대해 아이가 이해할 수 있도록 이야기를 나눕니다. 부드럽지만 단호하게 말해야 합니다.

- 아이가 규칙을 지키면 칭찬하고, 규칙을 어기고 과도하게 사용하면 제재합니다.

- 아이가 인터넷을 할 때 근처에 있도록 합니다.

- 아이가 선택한 비디오게임과 게임 방법도 주의 깊게 살펴야 합니다. 게임의 중독성은 알려진 것보다 훨씬 더 강력합니다. '아이의 뇌는 폭력적인 이미지를 실제적인 폭력으로 받아들이고 이에 대한 정보를 쌓아갑니다. 이런

이미지들은 정신기제에 급속히 침투하여 인지한 것과 실제의 것을 구분하지 못하게 하는데, 이로 인한 정신적인 타격은 즉각적이고 강력하며 오랫동안 지속할 수도 있습니다. 그 결과 악몽과 다양한 두려움에 시달리며 심한 감정 기복이 생기기도 하고 때로는 환각에 빠질 수도 있습니다.'[5]

- 사회관계망서비스(SNS)에 대한 무분별한 접근, 중독, 폭력, 음란물, 사이버 폭력 등 스마트기기를 사용할 때 생길 수 있는 위험들을 아이 연령에 맞춰 적절한 언어로 알려줍니다.

### 대화하기

**"스마트폰 보면 왜 안 돼요?"**

- 스마트기기를 금지하는 건 널 괴롭히려고 그러는 게 아니라 보호하기 위해서야.

- 자동차를 아무렇게나 운전하면 자기뿐만 아니라 다른 사람도 다치게 할 수 있잖아. 운전할 때 도로교통법을 지키거나 안전벨트를 매는 건 사고를 예방하기 위해서지. 스

마트기기도 마찬가지야. 이 기기들을 함부로 사용할 수 없게 규칙을 정해야 해. 네가 그 규칙들을 지키면 너도 스마트기기를 안전하게 사용할 수 있어.

- 네가 스마트기기를 사용하는 시간이 늘어날수록 친구들과 만나서 놀거나 책을 읽고 운동할 시간이 줄어들어.

(중독에 대해 설명할 때)

- 스마트기기는 다른 놀이(공놀이, 책 읽기, 보드게임 등)보다 훨씬 더 강력하게 사람을 끌어당기는 힘이 있어. 네가 스마트기기를 통해 무엇을 보든 넌 그 영상에 집중하게 돼. 네 근처에서 소리가 들리고 빛이 번쩍이고 영상이 움직이면, 자연스럽게 그걸 보고 듣게 되어 있지. 그런 것들에 반사적으로 이끌려서 넋을 잃고 보게 되는 거야.

- 스마트기기에서 접하는 영상들이 널 자극할수록 집중력을 기르는 건 힘들어져. 집중력이 있어야 플레이모빌이나 책이나 네게 말하고 있는 사람에게 주의를 기울일 수 있어.

- 너는 아이패드가 원격조종하는 로봇이 되고 싶니? 우리는 무언가에 빠졌을 때 자기 마음대로 할 수 없다는 걸

알아차리지 못해. 네가 스마트기기를 보면 볼수록 더 보고 싶어지고 결국은 거기에 빠져버리지. 그게 바로 중독이라는 거야. 마약에 중독되는 것과 똑같단다. 따라서 거기서 벗어나는 건 아주 힘들어져. 엄마 아빠가 정해준 제한 시간과 규칙만 잘 지켜도 이런 위험을 피할 수 있어.

(폭력에 대해 설명할 때)

- 게임이나 영화에서 폭력적이고 충격적인 장면을 보면, 이런 이미지들이 총알처럼 뇌 속을 뚫고 들어가게 돼. 너는 머리에 총알이 박혔다는 사실조차 모를 수 있어. 하지만 뇌는 심각한 상처를 입고 제 기능을 할 수가 없어서 네가 평화롭게 사는 건 힘들어지지. 그래서 넌 악몽을 꾸기도 하고, 스트레스를 받기도 하고, 이전에는 느끼지 못했던 두려움을 느낄 수도 있어.

- 컴퓨터를 하다가 광고 팝업이 뜨면 가위표를 클릭해서 광고를 사라지게 하지? 그런데 그 짧은 순간에도 광고 이미지는 네 머릿속에 남게 돼. 그게 바로 광고의 목적이야. 예를 들어, 네가 광고를 기억하지 못한다고 치자. 그런데 넌 슈퍼마켓에서 다른 과자를 집지 않고, 광고에 나왔던 초콜릿을 자동으로 집게 돼 있어. 아주 심각한 문제

는 폭력적이거나 충격적인 이미지들이 네 머릿속에 박혔을 때야. 넌 악몽을 꿀 수도 있고, 방에 혼자 있을 때 이유도 모르게 무서움을 느낄 수도 있어.

- 폭력적인 영상을 몇 분이건 며칠이건 몇 달이건 계속 시청하는 아이들에게선 세 가지 효과가 나타나. 하나는 폭력적인 생각과 행동을 한다는 것이고, 또 하나는 마음이 불안해지거나 신경질적으로 성격이 변한다는 거야. 그리고 나머지 하나는 다른 사람에 대한 공감 능력이 떨어진다는 거지. 화면에서 폭력적인 장면을 계속해서 보다 보면 폭력에 익숙해져. 폭력적인 비디오게임에 빠져들면 자기도 모르게 게임을 통해 사람들을 공격하는 훈련을 하는 셈이란다. 그래서 고통스러워하는 누군가의 입장에서 같이 아픔을 느낄 수 있는 공감 능력이 사라져버려. 그러다가 심해지면 이런 게 정상이라고 생각하게 되면서 아파하고 힘들어하는 사람들에게 무관심해져버리지.

(음란물에 대해 설명할 때)

- 인터넷을 하다 보면 사람들이 짐승처럼 행동하는 모습을 담은 사진이나 동영상을 보게 되는 경우가 있어. 네가 이런 이미지들을 보면 그런 걸 만들어 배포하는 사람들

을 부자가 되게 하는 거야! 그 사람들이 널 무섭게 만들고 흥분하게 하는 이런 이미지를 만드는 이유는 네가 다시 찾아서 보게 하려는 거지. 너는 그들이 너에게 기대하는 행동을 자주 하게 돼. 즉, 너는 왜 하는지도 모르면서 이상한 행동을 하는 거지. 이 이미지들은 네가 스스로 떨쳐버릴 수 없을 정도로 네 머릿속에 완전히 박혀버려. 특히 네가 잠들기 전에 더 심하게 달라붙어서 자꾸 생각난단다. 넌 네가 이런 기계에 저항할 수 있을 만큼 강하다고 생각하니?

## 조심하기

- 어떤 아이들에게서 나타나는 특별한 감성(때로 아주 강한)을 존중하지 않는 것.
- 아이가 밤에 자기 방에서 스마트폰을 가지고 있을 수 있게 허용하는 것.
- 아이들에게 문제가 되는 건 오로지 스마트기기의 콘텐츠뿐이라고 생각하는 것! 스마트기기 자체에 중독성이 있다는 것을 명심하자.(스마트기기는 그 자체로 매력적이며

자극을 주는 물건입니다. 특히 상호작용 기능이 있는 스마트기기는 더합니다.)

- 학교 숙제 때문이라고 하더라도 아이 혼자 인터넷을 하도록 내버려두는 것. 혼자 인터넷을 하면 다른 사이트를 서핑하는 경우가 많아집니다.
- (타당한 이유 없이) 너무 이른 나이에 스마트폰을 주는 것.
- 집에서 스마트기기 사용을 철저히 금지하는 것.
- 스마트기기를 제한하는 규칙을 만들고 나서 우리는 지키지 않으면서 아이에게만 지키라고 요구하는 것.

제안

- 아이가 아무것도 할 게 없다고 해도 스마트기기 없이 휴식 시간을 갖도록 해보세요. 아이는 이런 시간을 통해 창의적인 생각을 떠올릴 수 있습니다.
- 아이와 함께 스마트기기 사용에 관한 규칙을 만들고 눈에 잘 띄는 곳에 붙여보세요.

- 정기적으로 할 수 있는 활동이나 운동, 나들이, 놀이 등을 아이에게 제안해보세요.

- 아이가 다른 아이들과 다르다는 느낌을 받지 않도록 어린이 전용 휴대전화를 사주는 건 어떨까요? 예쁜 디자인에 통화와 문자 기능만 있는 걸로 골라보세요.

- 각 방에서 멀리 떨어진 곳에 '휴대전화 보관함'을 만들어 밤에는 가족 모두 휴대전화를 그곳에 넣어두기로 해보세요. 특히 저녁 식사 시간에는 가족 모두 휴대전화를 멀리 두고 서로에게 집중하는 시간을 보내보세요.

- 아이가 하는 비디오게임에 관심을 가지고 게임의 목적과 규칙을 알아보세요. 또는 아이가 즐겨 보는 영상을 함께 보며 영상의 어떤 점이 재미있는지 이야기를 나눠보세요.

- 가끔은 아이가 우리에게 알려주는 비디오게임을 해보는 것도 좋습니다.

- 아이가 인터넷상에서 무엇을 하는지 볼 수 있게 해주는 자녀 통제 앱을 이용해보세요.

- 밤에는 와이파이를 끊기로 하고, 아이에게 미리 알려주세요.

# 2

# 학교에서 성장하는 중입니다

아이는 학교에서 다양한 것을 배우고 새로운 경험을 합니다. 공부를 하고 단체생활(규칙을 존중하고 다른 사람을 배려하기, 우정 쌓기 등)을 경험하며 한 개인으로 성장합니다. 노력의 의미를 알게 되고 다양한 긴장 상황에 적응할 수 있는 능력도 기릅니다. 학교는 아이의 세계이지만 우리는 아이가 책임감을 느끼고 생활하도록 가르치면서 이 세계에 개입해야 합니다.

# 공부를 왜 꼭 해야 하나요?

## 학교 공부를 해야 하는 아이에게
## 동반자가 되어주세요

학교 공부든 아니든 모든 공부는 쉽지 않죠. 어려움을 극복하기 위해선 인내심이 필요합니다. 아이 입장에서는 공부가 즐겁지 않고 싫증이 나기도 합니다. 그럼에도 불구하고 아이는 스스로 공부하는 습관을 지닐 수 있습니다. 아이를 공부시키고 잘할 수 있도록 격려하는 건 부모로서 해야 하는 일입니다.

## 기억하기

- 학교에 가고 공부하는 일은 크나큰 노력이 필요합니다. 이 사실을 공감해주고 너그러운 마음으로 이해해주세요. 특히 재미를 붙이지 못한 과목들을 공부하려면 엄청난 인내심을 발휘해야 합니다.

- 아이의 학교 생활에 관심을 보여주세요. 공책과 교과서를 들여다보고, 학용품을 스스로 정리하게 하며, 목표를 스스로 정하게 합니다. 또한 아이가 배우는 것에 관심을 가지고 도와주며 가끔은 아이가 '배운다는 행위를 배우게' 합니다. 아이를 격려하고 성적을 점검하며 성적 향상에 함께 기뻐해줍니다.

- 아이가 공부하는 데 자신감을 느끼도록 북돋아줍니다. 만일 아이가 자발적으로 노력하여 공부해나간다면 아이는 자부심을 느끼고, 용기를 내어 성적을 향상시켰다는 사실에서 기쁨을 느끼게 됩니다. 노력과 기쁨은 밀접하게 연결되어 있습니다. 아이는 공부를 통해 새로운 지식을 습득하고 지적 능력을 갈고닦습니다. 이것이 바로 공부의 결실이죠.

- 공부를 통해 자신의 장점과 재능과 취향을 발견할 수 있으며, 공부는 한 개인으로 완성해가는 과정임을 알려줍니다. 만일 지적인 부분이 채워지지 않는다면 열린 생각을 가진 사람으로 성장하지 못합니다.

- 공부하기 좋은 조용한 장소를 아이가 직접 선택하게 합니다. 이곳에는 집중을 방해하는 것들(스마트기기, 게임도구, 신기한 물건 등)이 없을수록 좋습니다. 그리고 정해진 공부 시간을 지키는 습관을 갖게 합니다.

- 아이가 열심히 하는 모습을 보인다면 진심을 담아 따뜻하게 아이를 칭찬합니다. 때때로 작은 선물을 주거나 특별히 관심을 보여 우리도 아이의 노력을 알고 있음을 표현합니다.

대화하기

---

**"공부를 왜 꼭 해야 하나요?"**

- 학교에 가고 공부하는 게 항상 좋지는 않지? 네가 그것보다 더 재미있고 더 쉬운 걸 하고 싶어 하는 마음은 나도 이해해. 공부를 해봤자 무슨 도움이 될지도 알 수 없

는데 말이야. 하지만 훗날 네가 성인이 되어 더욱 흥미로운 일들을 하려면 공부는 반드시 해야 한단다.

- 여러 과목을 공부하다 보면 네가 어떤 쪽에 관심이나 재능이 있는지 알게 될 거야. 나중에 좋아하는 일을 하기 위해 꼭 필요한 일이지.

- 뛰어난 학자들도 지금 네 나이 때는 네가 배우는 걸 배우기 시작했어.

- 어른의 삶을 지금부터 준비하는 거야.

- 나중에 너를 행복하게 해줄 직업을 선택하려면 학교에서 가르치는 기본적인 지식을 배우는 것부터 시작해야 해. 다른 모든 아이도 마찬가지야. 물론 쉬운 일은 아니지. 노력해야 하니까. 하지만 네가 인내심을 가지고 노력해서 좋은 결과를 얻으면 행복한 마음도 들고 네 자신이 무척 자랑스러울 거야. 아주 훌륭한 축구선수라 해도 그렇게 되기까지는 매일매일 수많은 시간을 훈련했어!

- 키도 쑥쑥 크고 튼튼하게 자라려면 음식을 잘 먹어야 해. 그건 너도 잘 알고 있지? 마찬가지로 네 정신을 발전시키

려면 지식을 네 머리에 공급해주어야만 해. 그건 너 자신을 위한 일이란다.

- 경험을 쌓고, 배우고, 질문하지 않는다면, 너를 둘러싼 세계를 어떻게 알 수 있겠니?

- 교육은 사람을 인간답게 만들어줘. 재난이나 전쟁이 일어날 때 구호단체들이 가장 먼저 하는 일은 음식을 제공하고 학교를 세우는 거야. 사람이 성장하려면 몸뿐만 아니라 정신에도 영양을 공급해야 하거든.

"외우는 게 너무 힘들어요."

- 배운 내용을 외우는 건 기억력을 높이려고 훈련을 하는 거야. 만일 암기를 전혀 하지 않는다면 기억력은 좋아지지 않아. 꾸준히 암기해야 기억력도 점점 좋아진단다.

- 기억력은 근육과 같아서 우리 몸의 다른 모든 근육처럼 연습과 훈련이 필요해. 처음부터 잘 외우는 사람은 별로 없어.

"이거 다 아는 거예요."

- 그렇구나. 하지만 이해했다고 해서 그걸 '익혔다'는 의미

는 아니야. 넌 단지 네가 이미 알고 있는 걸 이해했을 뿐이야. 이해하는 것과 이해한 걸 익히는 건 아주 다른 문제지. 익힌다는 건 이해하는 것보다 더 많은 노력이 필요해. 배운 걸 기억하고, 그걸 잊어버리지 않고 완전히 네 걸로 만들려면 말이야.

- 배운 내용을 익힌다는 건 지루해도 정신을 바짝 차리고 계속 반복해서 노력하는 거야. 다시 말하면 끊임없이 훈련하는 운동선수처럼 꾸준히 연습해야 한다는 거야. 네가 어렸을 때 자전거를 어떻게 배웠는지 생각해보렴. 연습하면 할수록 더 잘 탈 수 있었지?

**"공부 안 하고 싶어요."**

- 엄마 아빠도 일하는 게 무척 힘들 때가 있어. 차라리 집에서 쉬었으면 좋겠다고 생각하기도 해. 하지만 일을 그만두고 쉬는 대신 최선을 다해 일하는 편을 선택했어. 그 덕분에 우리는 돈을 벌 수 있고 너와 함께 멋진 휴가도 갈 수 있는 거란다.

### 조심하기

- 완벽주의를 칭찬하는 것.
- "꼴찌를 하려고 아주 작정을 했구나!" 같은 말을 하는 것.

### 제안

- 아이가 학교에서 돌아오면 아이의 나이에 따라 시간을 조절하여 쉴 수 있게 해주세요. 아이도 긴장을 풀 시간이 필요합니다.
- 부모가 자신의 직업에 만족하고 있다는 걸 표현해보세요. 만일 아이가 부모의 직업에 관심을 보이면 질문에 대답해주세요.
- 부모 자신이 흥미를 가지고 있는 일은 무엇인지, 어디에서 동기부여를 얻는지, 좋아하는 일이나 주요 관심사는 무엇인지, 열정을 가진 일을 발전시키기 위해 어떤 책을 읽고 어떤 사람들을 만나는지 등에 대해 아이와 함께 이

야기해보세요. 세상을 향한 부모의 비전과 삶을 신뢰하는 태도는 아이들이 세계를 바라보는 시각에 영향을 줍니다.

- 아이가 깊은 관심을 나타내는 직업에 대해 더 잘 알아보도록 도와주세요.

- 혹시 아이가 학습에 어려움을 많이 겪는다면, 언어치료사, 감각운동훈련사, 난독증치료사 등 여러 분야의 아동 전문가에게 도움을 구해보세요.

# 학교 공부가 너무 쉬워서 재미없어요

## 아이의 특징을 세심하게 살펴보세요

아이가 조숙하다는 것을 알았을 때, 많은 부모는 기뻐해야 할지 걱정해야 할지 혼란스럽기도 합니다. 인생에서 도전 과제를 만난 느낌이 들기도 하죠. 조숙한 아이들의 특징은 다양합니다. 어떤 아이들은 그들이 가진 재능으로 우리를 놀라게 하고 경이로움을 불러일으키지만, 반면 학습에 어려움을 보여 우리를 좌절하게 하는 아이들도 있습니다.

## 어떤 분야의 능력이 일찍 발달한 아이들

또래 아이들보다 어떤 분야의 능력이 일찍 발달한 아이들. 이들의 능력은 시간이 지남에 따라 속도가 조절됩니다. 이런 아이들에게서 '두뇌의 조숙'은 '조숙한 두뇌발달'을 의미하는데, 그렇다고 해서 지속적으로 '우월한 두뇌'를 가지고 살아간다는 뜻은 아닙니다.

'괴짜'라고 불리는 아이들은 지적 기능은 조숙하나 전반적으로 조화롭지 않고 균형이 잡혀 있지 않은 경우가 많습니다. 지적 불균형을 보이는 이런 특징은 좀 더 복잡하게 나타납니다. 즉, 어떤 분야에서는 뛰어나지만 다른 분야에서는 평균보다 못하죠. 이들 중 일부는 성인이 되면서 지적 기능의 균형이 잡힙니다. 특히 인지치료[6]를 받으면 효과적이기도 합니다.

지능의 기능 면에서 언어 이해, 지각 추론, 작업 기억, 처리 속도라는 네 가지 주요 지표가(웩슬러 지능검사 Wisc-V에 의한 분석) 전반적으로 우수할 때 '영재'라고 말합니다. 이 아이들은 유아기부터 모든 방면에서 뛰어나며 평생 그 능력을 간직합니다.

관건은 아이의 두뇌발달이 다른 또래의 평균치보다 더 뛰어난지를 아는 것이 아니라 두뇌가 기능하는 방식을 아는 것입니다. 즉, 대뇌의 두 반구 중 어느 한쪽이 훨씬 우수한지 아닌지를 아는 게 중요하다는 것이지요. 학습 방법을 선택할 때도 이 사실을 고려하는 것이 좋습니다. 대뇌 좌우반구의 특성은 다음과 같습니다.

우뇌 우뇌의 기능이 우수할 때, 아이는 훨씬 직관적이고 창조적입니다. 인지 능력은 일직선이 아닌 '나무 모양'으로 발휘됩니다. 다시 말하면, 다양한 정보나 아이디어를 한꺼번에 포착하여 빠르게 종합할 수 있습니다. 우뇌가 발달한 아이는 호기심이 매우 많고, 배움에 대한 갈망도 커서 결코 만족할 줄 모르며 끊임없이 질문하는데 이런 특성들 때문에 또래보다는 나이 많은 아이들과 사귀려고 합니다. 행동은 매우 느린 것처럼 보일 수도 있는데 실제로는 여러 가지 생각을 동시에 처리합니다. 또한 의무적으로 따라야 하는 규칙이나 강제적인 조치에 쉽게 거부감을 느낍니다.

좌뇌 좌뇌가 발달한 아이는 이성적이고 논리적입니다. 두뇌 기능은 직선적이어서 한 가지 생각의 폭을 차근차근 넓혀나갑니다. 여기에 속한 아이는 규칙과 명령을 쉽게 받아들입니다.

## 조숙함과 관련한 다른 특징들

두뇌발달이 또래보다 훨씬 이른 아이는 자기가 틀렸다거나 실패했다거나 알지 못한다는 사실을 받아들이지 못합니다. 처음으로 시도하는 것도 완벽해야만 합니다. 따라서 자신이 틀리거나 실패할 위험을 선택하기보다는 차라리 아무것도 하지 않는 편을 선호하죠. 아이가 스스로 파업하지는 않는지 유심히 살펴보세요.

정서적인 성숙함과 여기에서 비롯된 행동, 그리고 아동의 실제 나이 사이에 얼마나 큰 간극이 있는지에 주목해야 합니다. 조숙한 아이의 감수성은 상당히 높아서 감각과 정서와 감성 부분에서 매우 민감한 반응을 보입니다. 아이의 내면에 감성적인 성향이 풍부하게 깔려 있기 때문입니다. 하지만 자신의 감정과 주위 사람들의 감정에 의해 훨씬 쉽게 불안해하고 스트레스를 받고 흥분하며 휩쓸려버립니다.

또한 안전하지 않다고 느끼며 막연한 두려움을 갖습니다. 이 부류의 아이는 일반적으로 자존심이 매우 강하며 격앙된 정의감을 갖습니다. 이런 정서적인 압박으로 인해 아이가 매우 거칠고 부적절한 방식으로 과격하게 행동할 수 있는데, 이 때문에 관계에서 어려움을 겪을 수 있습니다.

### 기억하기

- 아이의 두뇌가 어떤 식으로 기능하는지 주의 깊게 관찰합니다.
- 아이가 당황스러운 행동을 하더라도 진지하고 끈기 있게 아이의 얘기를 들어줍니다.
- 아이가 자신이 다른 아이들과 '다르다'고 느낀다면 그건 '비정상'이라는 의미가 전혀 아니라고 설명하고 안심시켜주세요. 다른 아이들과의 차이점은 지적 기능일 뿐입니다. 아이가 안심할 수 있도록 아이의 마음을 다독여주어야 합니다.
- 학교 수업이 아이에게 불충분하거나 너무 쉬울 때 아이

의 두뇌가 '굶주림을 호소'하는 상태가 아닌지 잘 살펴보세요. 학교 공부에 지루해하는 아이는 학교생활에 소홀해지고 견딜 수 없어 합니다. 아이가 내뱉는 말들을 흘려듣지 마세요. 이를테면, "지겨워. 맨날 똑같은 것만 해", "너무 쉬워서 배울 게 아무것도 없어. 그건 아기들이나 하는 거야" 같은 말들을 한다면 아이가 동기부여를 찾을 수 있도록 도와주기 위해 교사를 찾아가야 합니다.

- 아이의 학교 성적 결과에 의구심이 든다면 아이에게 테스트(전문 심리상담소에서 시행하는 웩슬러 지능검사 Wisc-V)하게 해보세요.

- 필요하다면 아이의 지적 기능에 적합한 교육[7]을 시켜주세요. 알버트 아인슈타인의 말을 되새겨보세요. "모든 사람은 천재다. 그러나 자신이 나무를 오를 수 있는 물고기라고 생각하는 한, 그는 평생 자신이 바보라고 생각하며 살 것이다."

- 아이가 긴장을 풀고 자기 자신에게 집중할 수 있도록 도와주는 치료법도 생각해보세요. 예를 들어, 비토즈 요법(비토즈 요법은 자기 자신과 세상 앞에 설 수 있게 해주는 뇌기

능 통제법을 가르칩니다.)(로저 비토즈Roger Vittoz 1863~1925는 스위스 의사로 뇌조절 재교육법을 주창했으며, 여기엔 심리 안정을 위한 여러 가지 수련법이 있다. - 옮긴이 주)은 자신의 감정을 더 잘 관리하도록 가르쳐줍니다. TIPI(감정조절기법), RMT(감각반응 통합훈련), Tomatis(청지각 훈련 프로그램 - 옮긴이 주) 방법으로도 좋은 결과를 얻을 수 있습니다.

- 조숙한 아이 입장에서는 노력한다는 게 딴 세상 얘기 같을 테지만 노력의 의미를 알고 차근차근 노력하는 과정을 통해 인내심을 배우도록 해야 합니다.

- 아이가 학교와 집에서 반복적으로 해야 하는 일들(복습, 연습, 일상적인 행위 등)을 끔찍이 싫어한다고 하더라도 이런 일들을 받아들이도록 끈기 있게 가르쳐주세요. 반복은 좋은 습관을 갖게 합니다!

- 실패를 받아들인 뒤에 인내하며 다시 도전해 성공한 예들을 아이에게 보여주세요. 아이가 실패를 부끄러워하지 않는다면 예상보다 훨씬 더 높이 뛰어오를 수 있습니다.

**"나는 다른 아이들과 좀 다른 것 같아요."**

- 천천히 얘기해보렴. 네 얘기를 들을 시간은 충분히 많아. 넌 가끔 우리가 서로를 잘 이해하지 못한다고 생각하지? 마치 우리 둘이 서로 다른 언어로 얘기하는 것처럼 말이야. 하지만 너와 나는 모두 정상이야. 다만 생각하고, 말하고, 때로는 행동하는 방식이 다를 뿐이지. 다르다는 건 정상이란다. 그럼에도 불구하고 우리는 서로를 완벽하게 이해할 수 있어!

(아이가 지적으로 충분히 공급받고 있으며 자극을 받고 있는지 살펴보려면)

- 넌 다른 애들보다 시험(공부)을 먼저 끝내고 나면 뭘 하니? 그동안 지겹지는 않니? 다른 애들이 끝나길 기다리는 동안 다른 걸 해도 돼?

- 오늘 학교에서 어땠어? 재밌었니? 새로운 것들을 배웠어?

- 내가 보기에 넌 너보다 나이 많은 애들하고 주로 노는 거

같던데 그러는 이유가 있니?

**"책에 있는 내용 다 이해했어요."**

- 네 책에 있는 것을 네 머릿속에 어떻게 넣을 수 있는지, 어떻게 익히는지 이야기해보자. 이해하는 것과 그것을 배우고 익히는 것은 서로 다른 일이야.

(테스트를 받으러 간다고 말하려면)

- 우리는 네 두뇌가 어떻게 작동하는지 더 잘 이해하고 싶어. 그래서 네 두뇌 기능을 테스트하고 네게 좋은 말을 해줄 선생님을 만나러 갈 거야.

(집중력 강화 치료를 받으러 간다고 말하려면)

- 내가 보기엔 넌 무척 노력하는데도 집중을 잘 못하는 것 같아. 그래서 널 데리고 네가 훨씬 쉽게 긴장을 풀고 집중하게 도와줄 수 있는 사람을 만나러 갈 생각이야.

**"공부하는 건 너무 지루해요."**

- 오랫동안 노력하는 건 정말 어려운 일이야. 하지만 끝내고 나면 정말 뿌듯하단다. 힘내! 넌 할 수 있어! 자, 다시 노력해보자! 결과를 보면 너 자신이 정말 자랑스러울 거야. 집중해서 공부하고 나면 오후에 쉬는 시간도 한층 더

신나게 보낼 수 있어.

"왜 비슷한 문제를 계속 풀어야 해요?"

- 같은 유형의 문제를 여러 번 반복해서 푸는 게 너한테는 무척 지겹다는 걸 알아. 넌 이미 다 이해했다고 생각할 테니 말이야. 아마 네 생각이 틀리진 않을 거야. 같은 반의 다른 아이들은 이렇게 반복하는 게 필요해. 너는 다른 애들보다 더 빨리 이해하고 풀 수 있지만 한 반에 있는 모든 아이를 한 명 한 명 맞춰서 가르칠 수는 없어. 좋은 마음으로 연습 문제를 풀도록 하자!

- "쇠를 계속 단련해야 대장장이가 된다"는 말이 있어. 이 말이 의미하는 건 연습을 통해서만 능력을 얻을 수 있다는 거야. 어떤 일을 진짜로 할 줄 알려면 훈련을 해야 해. 단지 이론으로 알고 있는 것만으로는 안 돼.

- 네가 배운 걸 머릿속에 확실히 넣으려면 반복하는 길밖에 없어. 그건 나중에 네가 훨씬 더 흥미로워할 일들을 하게 해주는 원동력이 돼.

- 재미는 없지만, 꼭 해야 하는 일들이 있어. 예를 들어, 넌 매일매일 이 닦는 걸 싫어하잖니. 네가 원하면 이 닦지

않고 살 수도 있을 거야. 하지만 나중에 문제가 생겨. 그때는 이미 돌이킬 수 없어서 후회해봤자 소용이 없단다.

### 조심하기

- 아이의 이른 발달이나 불균형한 발달을 있는 그대로 보지 않으며, 이런 특성을 고려하지 않거나 아이를 돕지 않는 것.
- 또래보다 조숙한 발달을 이점으로 여기거나 문제로 여기는 것.

### 제안

- 책, 잡지, 콘퍼런스, 전시회 등을 통해 모든 분야에서 교양을 넓힐 기회를 가능한 한 많이 주세요.

# 열심히 했는데 이 정도밖에 못 했어요

## 아이가 긴장을 풀고 차분해질 수 있게 도와주세요

오늘날에는 모든 것을 성공과 실패라는 잣대로 측정합니다. 실행, 긴장, 압박과 같은 말을 너무나 자주 듣습니다. 그러다 보니 성공 외에는 다른 방도가 없다고 믿기도 하죠. 이런 믿음은 점점 더 이른 나이에 형성되고 있으며, 성공에 대한 강박은 우리 머릿속을 따라다닙니다. 실패는 상처를 남기고 두려워해야 할 일, 그래서 맞서 싸워야 하는 일이 되었습니다. 그런데 성공한 인생은 수많은 실패를 필연적으로 겪기 마련입니다. 이와 마찬가지로 아이들도 학교생활을 하면서 실패를 피해갈 수 없습니다.

## 기억하기

- 아이에게 진정으로 최선을 다했는지 물어보세요. 한 가지 일에 최선을 다하면 다른 일도 최선을 다해 할 수 있습니다. 아이가 최선을 다한다면 스스로 발전하는 모습을 볼 수 있고, 결과가 좋지 않더라도 만족하며 마음에 평화를 얻을 수 있습니다. 매 순간 최선을 다하는 것은 성공의 열쇠이며 자신감을 북돋웁니다.

- 아이가 자신이 최선을 다했는지 모른다면 어떻게 하면 다음번에 더 잘할 수 있을지 알려주거나 아이가 이미 한 일이 어떻게 개선됐는지 보여주면서 스스로 자신을 평가하도록 도와주세요. 최선을 다하지 않았는데도 성공했다면 아이의 성과를 칭찬하지 말아야 합니다. '최선을 다한다'는 건 '거의 그렇게' 했다는 말이 아닙니다. 최선을 다하기 위해서는 더 큰 노력이 필요합니다.

- 실패했더라도 실제로 발전한 부분을 주목하게 하고, 발전이 있었다는 점을 칭찬합니다. 성적은 그 이후의 일입니다. 노력을 통해 더 나아졌다는 사실이 무엇보다 중요하며, 아이가 이 사실을 알게 해주세요.

- 아이가 원하는 결과를 얻고 성공을 거두었든 그렇지 못했든 간에 계속해서 최선을 다하도록 격려해주세요. 실패는 실제로 행한 노력의 양과 반비례한다는 것을 설명해주세요. 즉, 아이가 노력하면 할수록 크게 실패할 확률은 줄어듭니다.

- 성공했을 경우, 아이가 열심히 노력한 일에 대해 칭찬하고 성공을 축하하며 기쁨을 함께 나누세요. 그러나 너무 자만하지 않아야 한다는 것도 가르쳐주세요.

대화하기

---

**"저는 이 정도밖에 못 해요."**

- 네가 생각하기에 넌 정말 최선을 다했니? 온 힘을 다 쏟아부었어?

- 솔직히 네가 할 수 있는 모든 걸 다 했다고 생각하니?

**"그렇게 열심히 하진 않았어요. 그래도 성적이 좋잖아요."**

- 네가 할 수 있는 모든 걸 하지 않았는데도 좋은 결과를 얻은 게 정말 자랑스러운 걸까?

- 성적은 잘 나왔지만 넌 최선을 다하지 않았어. 그건 유감이야. 넌 성적에 만족할 수 있겠지만 자신이 완전히 자랑스럽진 않을 거야.

**"정말 열심히 준비했는데, 이 정도밖에 못 했어요."**

- 네가 최선을 다한 걸 알아. 네가 정말 자랑스럽다.

- 이번에 성적이 안 좋게 나왔지만 네가 기울인 노력은 잘 알고 있어. 네가 공부한 것과 이 성적을 비교해보면 썩 나쁜 결과는 아니야. 누구도 한 번에 꼭대기에 다다를 순 없어.

**"열심히 해서 좋은 성적이 나왔어요!"**

- 잘했어! 정말 대견하구나. 넌 이런 성적을 충분히 받을 자격이 있어. 그동안 최선을 다했으니 말이야! 너 자신과 성적에 자부심을 마음껏 느끼렴.

### 조심하기

- 아이에게 점수, 상장, 등수 같은 결과만을 목표로 삼으라고 요구하는 것.

- 아이가 성공했을 때 한없이 높이 추켜세우는 것.
- 형제자매 등 다른 아이와 비교하는 것.

### 제안

- 실패했을 때, 그중에서 아주 작은 것이라도 긍정적인 면을 찾아보세요.
- 배움의 과정에서 실패나 실수는 피할 수 없고, 꼭 필요한 단계라는 점을 아이와 이야기해보세요.

# 내일 시험 때문에 너무 걱정돼요

## 마음을 평정하게 지킬 방법을 알려주세요

스트레스는 두려움 앞에서 생기는 정서적인 반응입니다. 학생들이 스트레스를 받는 이유는 다양합니다. 반 아이들 앞에서 말할 때 느껴지는 두려움, 실패에 대한 두려움, 실망에 대한 두려움, 비난받을 것에 대한 두려움 등이 있죠. 스트레스를 받는 아이는 몸과 마음에 타격을 입습니다. 몸은 섭식장애, 수면장애, 기억력장애, 합리적 사고의 결여, 불안장애, 거부반응, 혹은 자포자기와 같은 증상으로 영향을 받을 수 있고, 기분 또한 불안정해집니다. 가벼운 스트레스는 자극을 줄 수 있으나 스트레스가 심하면 건강이 나빠질 뿐만 아니라 학업 성적도 하락하는 결과를 가져올 수 있습니다.

## 기억하기

- 아이에게 감정을 조절하는 방법을 꾸준히 가르쳐주세요. 스트레스 상황에서 아이가 느끼는 감정들에 두려움, 불안, 동요, 낙담 등과 같이 이름을 붙이고 표현할 수 있도록 돕습니다. 신경과학은 감정에 이름을 붙이면 경보 상태인 뇌를 진정시킬 수 있다고 합니다.

- 아이가 스트레스를 받는 이유가 구체적으로 무엇인지 찾아보세요. 학생들 간의 경쟁, 교사의 압박 등이 있을 수 있겠죠.

- 아이가 스트레스를 받았다는 사실을 인정하고 이이를 비난하지 않습니다. 할 수 있는 만큼 최선을 다하라고 요구하고 아이를 믿어주세요. 긴장이 완화되고 스트레스를 덜 받으면 아이는 성공의 기회를 높일 수 있습니다. 언제나 최선을 다하는 가운데 아이는 발전해나갑니다.

- 항상 따뜻하고 다정하게 가족을 대하고 이해해주며, 차분하고 평안한 상태를 유지하여 집안 분위기를 좋게 만들도록 노력합니다. '아이와 어른 모두에게 따뜻하고 다

정하게 대할 때, 아이의 건강, 인지 능력, 사교성, 도덕성에 대단히 긍정적인 영향을 줄 수 있습니다.'[8]

- 어떤 상황에서든지 최선을 다하라고 늘 가르쳐주세요. 이것이야말로 스트레스 없이 살 수 있는 가장 좋은 방법입니다. 어떤 아이들의 경우, 완벽주의가 스트레스의 원인일 수 있습니다. 그들에게는 완벽함이 그 자체로 목적이 될 수 없음을 알려주세요.
- 결과보다 아이가 최선을 다했다는 사실을 더 중요하게 여겨주세요.
- 아이가 스트레스를 자주 받는다면, 감정조절 분야의 전문가에게 도움을 구하는 것도 방법입니다.

대화하기

---

**"오늘 조금 더 공부한다고 내일 성적이 크게 좋아지진 않을 것 같아요."**

– 시험 직전인데도 평상시와 똑같이 있으면 되겠니? 최선을 다하는 게 가장 중요해.

- 지금은 복습하고 공부할 시간이야. 최선을 다해서 열심히 하는 게 결과보다 훨씬 중요한 거야!

**"내일 시험 때문에 너무 걱정돼요."**

- 긴장을 풀기 위해 잠깐 눈을 감자. 그리고 숨 쉴 때 네 몸에서 움직임이 느껴지는 곳에 손을 올려놓고 작은 움직임에 집중해보렴. 마치 물 위에 조용히 떠 있는 작은 배처럼 말이야.

- 네가 어떤 점수를 받든 넌 최선을 다했으니 됐어. 점수에 목숨 걸 필요는 없단다. 그리고 내가 널 사랑한다는 사실은 변함이 없어.

## 조심하기

- 완벽함을 칭찬하는 것.
- "최선을 다해라"라고 말하는 대신 "넌 반드시 성공해야 해!"라고 말하는 것.
- 스트레스받은 아이에게 화를 내고 비난하는 것.

- 아이가 원래 스트레스를 잘 받는 성격이며, 스트레스를 풀도록 도와줄 필요가 전혀 없다고 생각하는 것.
- 스트레스를 받아 신경이 곤두선 아이에게 화를 내는 것.

제안

- 아이에게 외출이나 간단한 신체 활동을 제안해보세요. 집중하려면 먼저 긴장을 푸는 일이 필요합니다.
- 언제나 아이와 함께한다는 사실을 느끼게 해주세요. 다정하게 쓰다듬고, 입맞춤하고, 아이를 위로하며 품에 꼭 안아주세요.

# 반에서 특별히 친한 친구가 없어요

## 아이가 교우애와 우정을 배우고 구별하도록 합니다

같은 집단에 속한 아이들은 동일한 활동(학교 수업, 운동 등)을 하더라도 모두와 특별히 친밀한 관계를 맺는 것은 아닙니다. 이들이 유지하는 관계는 다소 표면적이죠. 우정은 좀 더 깊은 관계이며 일반적으로 오랫동안 지속합니다. 우정을 쌓기 위해서는 많은 시간이 필요합니다. '우정'이라는 단어는 '친구 간의 사랑'이란 뜻인데, 아이들은 우정에 매우 민감하며, 이 관계가 손상되거나 독성을 지닐 때 삶에 매우 안 좋은 영향을 미칠 수 있습니다. 올바르고 균형 잡힌 우정이 진정한 보물인 이유가 바로 여기에 있습니다.

- 아이의 친구들이나 여러 활동에서 만나는 다른 아이들(학교, 운동, 예술 활동 등)에 대해 꾸준히 관심을 보여주세요. 아이가 하루 동안 있었던 일들을 얘기할 때 주의 깊게 들어주세요. 친한 친구들의 이름을 물어보고, 친구들과 무엇을 하며 노는지 등을 알기 위해 구체적으로 질문도 해보고, 만일 아이가 진정한 친구를 사귀고자 하는 열망을 표현한다면 아이의 마음을 존중하고 지지해주세요.
- 아이에게 같은 활동을 하는 아이들과 친구가 될 수 있으며, 친구를 사귀는 데는 시간이 필요하다는 사실을 설명해주세요. 어떤 우정은 평생을 가며, 우정의 특성 중 하나는 충실함입니다.
- 아이가 소속한 집단의 아이들에게 많은 관심을 보이고, 그들을 집으로 초대해 우정의 시작을 북돋아주세요.
- 아이의 우정이 배타적이지 않고 다른 아이들에게도 열려 있는지, 아이가 자기 무리에 다른 아이들을 받아들이는지, 다른 아이들과 함께 놀 의향이 있는지를 확인해보

세요.

- 다른 아이들과 관계를 맺을 때 생길 수 있는 위험들을 살피고 이런 문제에 대해 지속해서 대화를 나누세요. 한 친구에게 과도한 애착을 보이거나 다른 아이들을 배타하는지, 고립되어 있는지(다른 아이들과 잘 지낼 능력이 없어서), 지배와 괴롭힘의 문제(97쪽 '저한테 자꾸 나쁜 말을 하는 친구가 있어요' 참고)는 없는지 잘 보아야 합니다. 이런 문제들은 분리 불안을 초래할 수 있으며, "친구가 나랑 같이 놀지 않을까 봐 무서워"와 같은 말로 자신의 불안을 표현하기도 합니다. 어떤 아이들은 혼자가 되느니 차라리 나쁜 친구를 사귀는 편을 더 선호하죠. 소심하거나 자신감과 자존감이 부족하면 친구를 사귀는 데 어려움을 겪습니다. 자녀에게 조숙한 아이들(특히 남자아이들의 경우)에게서 흔히 나타나는 특성이 있다면 관심을 기울이세요. 이들은 보통 자기 또래나 나이가 적은 아이들보다 나이 많은 아이들과 더 잘 어울립니다.

- 아이에게 단짝 친구가 없어도 걱정하지 마세요. 일반적으로 아이가 다른 아이들과 두루 친하게 지낸다면 문제가 되지 않습니다.

대화하기

(친구 관계에 관심을 보이고 싶을 때)

- 예전에 이런 친구에 대해 얘기한 적이 있었지? 그 친구와는 지금 어떻게 지내니? 아팠다던 친구와는 다시 만나니? 등.

- 쉬는 시간에는 뭐해? 누구하고 놀아? 누구하고 얘기해?

**"요즘 ○○랑 친해졌어요."**

- 우정은 소중한 거야.

- 반 아이들과 잘 지내는 걸 보니 참 기특하네. 반 아이 중에서 마음도 잘 맞고 더 재미있게 놀 수 있는 친구들이 있다는 건 자연스러운 거야.

- 네 얘기를 들으니 정말 기쁘다. 어쩌면 그 아이는 너와 아주 친한 친구가 될지도 몰라. 지금은 좋은 반 친구이지만 말이야. 우정은 오랜 시간이 필요해. 누구든 단번에 인생 친구가 될 수는 없거든.

- 네가 ○○와 잘 지내고 있는 걸 보니 기분이 좋네.

**"○○가 다른 친구랑 노는 게 싫어요."**

- 네 친구는 다른 아이들과 친하게 지낼 수 있어. 그 친구가 반의 다른 아이들과 논다고 해서 널 배신했다는 뜻은 아니야. 여러 명의 친구를 가지는 건 좋은 일이야.

- 반 아이가 네 친구 무리에 끼고 싶어 할 때, 그 아이를 받아들이는 건 중요한 일이란다.

**"○○랑만 놀고 싶어요."**

- 너한테 친한 친구(한 명 혹은 여러 명)가 있어서 정말 행복하다. 그런데 넌 그 아이 얘기만 하는 것 같아. 혹시 다른 아이들과는 같이 놀지 않니?

- 오로지 한 친구만 사귀고 다른 사람을 배척하는 건 위험한 일이야! 생각해 봐. 만일 네가 한 친구한테만 매달려 있다면, 그게 옳은 일일까? 아니, 그건 잘못된 거고, 옳지 않은 거야.

**"반에서 특별히 친한 친구가 없어요."**

- 단짝 친구를 만들려면 시간이 오래 걸려. 하지만 네 반에 좋은 아이들이 있다면 진짜 친한 친구도 곧 생길 거야. 걱정할 필요 없어!

### 조심하기

- 아이의 친구들에게 관심을 두지 않는 것.
- 아이가 다른 아이한테 끌려다니는 기미가 보여도 신경 쓰지 않는 것.
- 혼자가 되기 싫어서 나쁜 아이들과 어울리는 아이를 내버려두는 것.

### 제안

- 방과 후나 방학 때, 아이의 친구 몇 명을 집에 초대해 아이에게 더 깊은 우정을 쌓는 계기를 만들어주고 아이들이 어떤 관계를 맺고 있는지도 살펴보세요.

# 저한테 자꾸 나쁜 말을 하는 친구가 있어요

혹시 아이가 괴롭힘을 받고 있지는 않은지 살펴봅니다

우리는 모든 사람과 사이좋게 지낼 수는 없습니다. 그러나 당연히 다른 이를 존중해야 하며, 모욕하고 무시하고 조롱하며 나쁘게 대해서는 안 됩니다. 때때로 어떤 아이들은 못된 행동을 하여 한 아이의 몸과 마음에 심각한 해를 끼치는데, 보통 주위 사람들은 이들의 행동을 알아차리지 못합니다. 그들은 언어폭력이나 신체폭력으로 상대방을 끊임없이 공격합니다. 이런 행동이 바로 괴롭힘입니다.

괴롭힘의 희생양이 된 아이는 그 사실을 이야기하는 일이 거의 없습니다. 따라서 일상에서 나타나는 신호에 주의를 기울여야 합니다. 2차성 유뇨증이나 변실금(유뇨증은 소변이 나오는 것을 조절하지 못하는 것이고, 변실금은 대변 조절을 못하는 것입니다. 이전에는 문제가 없다가 이런 증상이 나타난다면 2차성 유뇨증 혹은 2차성 변실금이라고 합니다.), 침울함, 의기소침, 행동의 변화, 성적 하락, 수면장애, 등교 거부 같은 일들이 생길 수 있습니다. 이는 아이를 점진적으로 무너뜨려 자존감과 자기 확신을 완전히 사라지게 합니다.

괴롭힘과 통제는 해를 끼치는 사람들이 사용하는 무기입니다. 교사나 교육자 중에도 이런 악습을 가진 사람이 있는데, 이들은 비난, 무시, 조롱, 부적절한 언어, 심지어는 보복을 통해 학생을 제압합니다. 교사는 학생을 보호하고 온정을 베풀어야 한다고 여겨지는 어른이기에 이들의 행동은 더욱더 파괴적이죠.

기억하기

- 다른 아이들과 문제가 있으면, 우리에게 즉시 그리고 그런 일이 있을 때마다 매번, 반드시 말해야 한다는 사실을 시시때때로 반복해서 얘기해주세요.

- 지나가는 말이라도 아이의 말을 흘려듣지 말아야 합니다. 마음을 터놓은 상태로 정확하고 구체적으로 질문해주세요.

- 반 아이와 관련한 일이라면 주저하지 말고 교사에게 말하고, 때에 따라서는 교장에게 직접 얘기합니다.

- 다른 아이가 신체에 폭력을 가하면 그에 저항하고 스스로를 보호해야 한다고 아이에게 주지시킵니다. 다른 사람을 존중하기 위해 함부로 공격하지 않아야 하는 것처럼 자기 자신을 존중하는 법도 알아야 합니다. 그 대신 언어적인 공격이나 조롱 등을 당할 때는 침묵으로 대응하지 말고 가능하면 그 자리에서 벗어나라고 가르치세요.

- 아이가 갑자기 등교를 거부한다든지 평상시와 다른 행동을 보인다면 그 이유를 찾아야 합니다. 이때 피해 아동

은 수치심 때문에 자기가 겪은 일을 최소한으로 줄여 말하는 경향이 있고 심지어는 아무 말도 하지 않을 수 있습니다.

- 자녀가 학교 폭력의 피해자라는 걸 알게 됐다면, 있는 힘껏 분노를 표출하세요. 아이는 자신이 심각한 범죄의 피해자임을 반드시 알아야 합니다.

- 아이가 자기 확신과 자존감을 회복할 수 있도록 즉각 전문가(정신과 의사, 상담사 등)를 찾아 진료받으세요. 트라우마가 올바르게 치료되지 않는 한, 아이는 계속해서 고통을 받게 됩니다. 시간이 지나면 아이의 고통이 사라진 것처럼 보일 수 있으나 훨씬 나중에 다시 나타날 수 있습니다.

## 대화하기

(평소에)

- 만일 무슨 일이 생기면 반드시 얘기해야 해. 알겠지?

(학교에서 있었던 일에 대해 구체적인 대답을 끌어내려면)

- 학교에서 어떻게 지냈는지 말해줄래? 분위기는 어때? 쉬는 시간은 어떻게 보내니? 반 아이들은 어때? 친구들은? 선생님은?

- 학교에 다니는 거 재밌어? 힘든 점은 없어? 어떤 과목이 좋아? 별로 좋아하지 않는 과목은 뭐야? 네가 친구와 잘 지내서 참 좋다. 그런데 한 친구 얘기밖에 안 하네. 다른 아이들과도 같이 노는 거야?

"저한테 자꾸 나쁜 말을 하는 친구가 있어요."

- 우리는 서로를 존중해야 해. 네가 다른 사람을 존중해야 하는 것처럼 너 자신도 다른 사람한테서 존중을 받아야 한단다. 그런데도 만일 네가 공격을 당한다면 너 자신을 보호해야만 해.

- 다른 사람이 너를 옳지 않게 대하는데도 그대로 놔두면 그 사람은 너를 계속 그렇게 대할 거야.

- 항상 '마술 우산'을 가지고 다닌다고 생각하렴. 누군가가 너한테 폭언을 해도 그걸 막을 수 있는 아주 효과적인 무기란다. 비가 오면 젖지 않으려고 우산을 쓰지? 마찬가지

로 누가 널 모욕하거나 놀리면 네 머리 위에 '마술 우산'을 받치고 있는 모습을 상상하는 거야. 마술 우산은 너를 모욕하는 말로부터 보호해줘. 널 비웃는 말들은 네 옆으로 튕겨 나가서 네 마음에는 그런 말들이 전혀 닿지 않아. 그리고 넌 마음속으로 또는 직접 이렇게 말할 수 있어. "그래봤자, 난 끄떡없어!"라고 말이야.[9]

(아이의 행동이 변한 이유를 찾으려면)

- 요즘 기분이 어떠니? 마음이 안 좋은 이유가 있어? 무슨 일이니?

- 다른 애들이 널 존중하고 있다고 느끼니? 그 아이들이 가끔 기분 나쁘게 굴거나 못되게 굴지는 않아? 누가 널 괴롭히니? 자주 그래? 어떻게? 언제부터? 선생님도 그 사실을 알고 계셔? 선생님은 어떻게 하셨어? 선생님이 뭐라고 말씀하셨어?

- 학교에 무서운 선생님이 계시니? 반 애들 모두한테 다 무섭게 대하셔? 선생님이 공평해? 불공평해? 누구한테 불공평해? 어떻게 불공평해? 선생님이 모든 애들을 똑같이 칭찬하시니? 아니면 똑같이 혼내? 다른 애들보다 항상

더 혼내는 애들이 있어? 너한테는 어떤 것 같아? 무슨 일이 있었어?

**"저를 괴롭히는 친구가 있어요."**

- 정말 화가 치솟아 오른다. 그건 절대 있을 수 없는 일이야! 나는 누구든 그런 식으로 행동하는 걸 용납할 수 없어. 네가 나한테 그 말을 해줘서 정말 다행이다. 그건 정말 심각한 일이거든. 그런 일이 계속되게 놔둬선 안 돼!

### 조심하기

- 아이에게 친구가 없다고 비난하는 것.
- 반 아이들과의 관계에서 어려움을 겪는 아이의 고통을 하찮게 여기는 것.
- 아이가 자신을 보호하지 못하고 다른 사람들로 인해 고통을 겪어도 그럴 수 있는 일로 치부하는 것.

제안

- 학급의 다른 부모들과 이야기해보세요. 학생이나 어른이 한 아이를 괴롭힌다는 얘기를 다른 부모들이 듣게 되는 경우가 꽤 있습니다.

# 인기 있는 친구가 부러워요

우상화와 질투의 함정에
빠지지 않도록 가르쳐주세요

누군가에게 주어진 영광의 타이틀은 다른 누군가에게는 암흑과 고통이 될 수 있습니다. 학급마다 모든 이의 주목을 받는 '인싸'(인사이더의 준말로 사교적이고 인기 있는 사람을 말하는 신조어. - 옮긴이 주)들과 차별받고 따돌림당하며 때로는 괴롭힘의 희생양이 되는 '아싸'(아웃사이더의 준말로 인기 없고 소심하며 겉돌아 소외당하는 사람을 뜻한다. '왕따', '찐따'라는 용어와도 일맥상통한다. - 옮긴이 주)들을 구분하는 일은 자주 일어납니다. 두 극단의 아이들 사이에는 '평민'이라고 불리는 평범한 아이들이 있습니다. 그 밖에 '범생이'(모범생을 가리키는 은어 - 옮긴이 주)나 '거지', '노예' 같은 아이들도 존재하죠. 유행처럼 퍼진 이런 꼬리표는 아이들을 차별하며, 차별당하는 아이들은 더는 그런 걸로 고통을 느끼지 않기 위해 무엇이든 해야 한다는 압박을 받습니다. 따라서 자녀가 속한 학급에서 학생들 사이의 관계가 어떤지 알아보는 게 좋습니다.

'인싸'는 두 가지 유형으로 나뉩니다. 첫째는 사교성이 뛰어난 아이들입니다. 이들은 일부러 그러지 않아도 친화력을 발산하며 다른 아이들의 시선을 끌어서 동경의 대상이 되거나 질투의 대상이 되기도 합니다. 만일 어떤 아이에게 자신을 인기 있게 해주는 진정한 인간적 자질이 있다면 이는 좋은 모범이 됩니다. 두 번째 유형은 자기 반에서 표적을 찾아 그들의 생각을 강요하는 아이들입니다. 아이들이 그들에게 다가가는 이유는 두려움 때문입니다.

## 기억하기

- 부모인 우리는 내 아이에게 여전히 가장 중요한 본보기라는 사실을 기억하세요.

- 자녀의 반 아이들이 어떤 식으로 관계를 맺고 있는지 관심을 가져보세요. 아이가 만일 자기 반의 '인싸' 혹은 '아싸'(혹은 다른 별칭을 가진 아이들)에 대해 말한다면, 아이는 자신을 어떤 부류라고 여기고 그 상황에서 어떻게 지내는지 파악하기 위해 함께 얘기를 나눕니다. 그리고 낙인을 찍는 이런 꼬리표들을 몰아내야 합니다.

- 만일 아이가 자신의 위치를 안 좋게 보고 있다면, 아이를 위로하고 우리가 아이를 얼마나 사랑하는지 보여주어 안심시키며 부당한 꼬리표에 저항하기 위한 이야기를 해줍니다. 때에 따라서는 교사와 이 일을 상의하는 것이 유익합니다. 만일 그것으로 충분하지 않다면 전문 상담가의 도움을 받으세요. 이는 아이가 자기 확신과 자존감이 심각하게 부족하다는 것을 보여주는 신호일 수 있기 때문입니다.

- 아이에게 친구들과의 관계가 어떤 문제들 때문에 불건전해지고 위험해질 수 있는지 설명해주세요.

  차별 사람들에게 꼬리표를 붙이고 그걸 바탕으로 어떤 이를 따돌리는 행위.

  잘못된 경쟁 일등이 아닌 사람들을 존중하지 않는 것.

  우상화 자신의 자유의지를 빼앗긴 채 누군가를 맹목적으로 따르며 과도하게 찬양하는 것.

  자기 비하 '인싸'에 비해 자신은 무가치하다고 생각하는 (거짓된) 느낌. 다른 사람들에게 나쁘게 보인다는 두려움('나는 인기가 없어. 난 아무것도 아니야. 다른 애들도 날 그렇게 볼 거야.' 등).

- 아이가 '인싸' 학생을 질투한다면, 충분히 그럴 수 있다는 사실을 이해해주세요. 무엇보다 아이의 고통에 공감하며 함께 아파하는 것이 먼저입니다. 그런 후에는 아이가 사랑받기에 충분하며, 비록 두드러지지는 않더라도 다른 장점이 있다는 사실을 상기시켜주세요. 또한 다른 아이보다 '주목을 덜 받는다'는 사실을 받아들이도록 합니다.

**"우리 반에 ○○는 인기가 많아요."**

- '인싸'라고 다른 아이들보다 우월한 건 아니야. 그리고 너보다도 절대 우월하지 않아. 이 세상에는 똑같은 장점이 있는 사람들도 없고, 우리 모두가 소중한 존재야. 한 사람 한 사람이 경이로운 존재란다!

- 네 생각에는 그 아이가 왜 그렇게 인기가 있는 거 같니? 다른 아이들이 걔를 가장 잘생겼다고(예쁘다고) 생각하니? 반에서 공부를 제일 잘하니? 다른 애들보다 말을 잘해? 항상 옳아? 걔는 선생님이건 다른 아이들이건 아무도 안 무서워하니? 재미있는 친구니?

- 그 아이는 모든 사람을 존중하니? 착하니? 좋은 아이디어를 내서 반 아이들이 편하게 지낼 수 있게 해주니? 그 아이가 반 아이들에게 도움을 주니? 혹시 자기가 '인기' 있다는 걸 스스로 말하고 다니니? 만일 누군가가 '인기' 있다면, 다른 사람의 이익을 위해 행동하기 때문이야. 그 아이가 인기 있는 까닭은 네 반의 이익을 위하기 때문일 거야. 만일 그 반대로 다른 아이들을 괴롭힌다면 아무리

인기가 있다고 해도 결코 장점이 될 수 없어.

"제가 무슨 말을 하면 무시하거나 놀리는 친구들이 있어요."

- 네가 말하는 걸 들으니 정말 화가 난다. 거부당한다는 느낌은 진짜 괴로운 거야. 걔네는 너한테 그런 못된 말을 할 권리가 없어. 네가 그런 말을 들을 만한 애도 전혀 아니고 말이야. 그 애들이 너한테 어떻게 하는지 앞으로도 계속 얘기를 해주어야 해. 필요하다면 내가 직접 선생님을 찾아가볼게. 그리고 이런 분야의 전문가를 만나보는 것도 생각해보자. 네가 이 상황에서 벗어나는 방법을 가르쳐줄 거야.(97쪽 '저한테 자꾸 나쁜 말을 하는 친구가 있어요' 참고.)

- 누가 네게 언어폭력을 가하면, 너는 "네가 욕해봤자, 난 그런 걸로 끄떡하지 않아"(101쪽 '마술 우산' 기법 참고)라고 대답할 수 있어.

"우리 반에 ○○를 친구들이 무시해요."

- 차별이란 누군가를 자기보다 아래로 보고 배척하는 걸 말해. 물건을 정리할 때는 물건마다 등급을 매겨서 구별

하는 게 편할 수 있어. 하지만 물건이 아닌 사람한테 그런다면 그게 괜찮은 일이라는 생각이 드니? 물론 반 아이 모두와 친하게 지낼 순 없어. 하지만 각 아이는 존중받아야 할 권리가 있고, 학급의 일원으로 받아들여져야만 해.

- 만일 네 머리가 곱슬머리라는 이유만으로 따돌림을 당한다면 어떤 기분이 들까?

**"저는 꼭 그 친구를 이기고 싶어요."**

- 경쟁 그 자체는 우리를 자극하고, 노력하게 하고, 최선을 다하게 하는 좋은 수단일 수 있어. 하지만 좋은 수단으로만 사용해야 해. 의식적이든 무의식적이든 최고가 되기 위해 다른 사람을 짓누르는 걸 목적으로 하면 안 돼.

**"우리 반 ○○는 인기도 많고 정말 멋져요."**

- 너는 항상 그 아이 얘기만 하는구나. 내가 보기엔 너희 반에서 네가 높이 평가하는 애는 그 친구밖에 없는 것 같아. 왜 그렇게 그 아이한테 감탄해? 네가 그렇게 칭찬하는 장점을 그 아이만 가진 건 아니잖아. 다른 아이들도 봐. 걔네들도 다른 많은 장점이 있어! '인기 있는' 애가 신은 아니야. 다른 모든 사람처럼 그 아이도 결점을 가지

고 있어.

- 네가 동경하는 멋진 장점들을 그 아이가 가지고 있다고 해도, 나는 네가 그 아이만 바라보는 게 걱정이 돼. 다른 아이들도 그만큼 멋진 장점들이 있는데, 넌 다른 친구들은 안중에도 없으니 말이야.

- 좋은 우정은 다른 친구들에게도 관심을 가지고 그들의 장점을 높이 평가할 줄 아는 거란다.

**"우리 반 일은 거의 ○○가 결정해요."**

- 넌 모든 아이가 그 아이 말대로 해야 한다고 여기는 게 정상이라고 생각하니? 친구들이 그 아이를 두려워하는 게 괜찮니? 그 아이가 대장처럼 행동하고 모든 걸 결정하는 건 올바른 일이 아닌 것 같구나. 너는 이제 더는 네가 좋아하는 것을 네 마음대로 하거나 생각할 수 없다고 느끼잖아. 네가 진짜로 원하는 게 그런 거니?

**"인기 있는 친구가 부러워요."**

- 알아둬야 할 건, 모든 사람이 '인기 있는' 사람이 될 수 없고, '인기 있는' 사람이라도 너보다 훨씬 더 좋은 장점을 가지고 있지는 않다는 거야. 너는 엄마(아빠)의 '연예인'

이야! 나는 네가 지닌 예술 감각(운동 실력/친화력)이 정말 끝내준다고 생각해. 네 장점은 어쩌면 사람들 눈에 덜 띌지도 몰라. 네 내면에 깃들어서 쉽게 보이지 않으니까 말이야. 네가 간직하고 있는 귀중한 자질을 잘 살펴보도록 해.

- 그 아이가 눈에 쉽게 띄는 외적인 장점을 많이 지니고 있다면, 네게는 내적인 장점이 아주 많아.

- 눈에 보이지 않는 것이 바깥에서 빛나는 것보다 훨씬 더 큰 가치를 지닌 경우가 많이 있단다.

- 더 많은 사람을 즐겁게 해주고 싶은 마음은 자연스러운 거야. 그럴수록 더 사랑받는 것 같고, 자기가 더 중요하고 소중한 사람이란 생각이 들거든. 기분 좋은 일임은 틀림없어. 하지만 그런 것만으로 너의 가치가 높아지는 건 아닐 거야. 물론 넌 더 중요한 사람이 될 수 있겠지. 하지만 그게 너한테 어떤 소용이 있을까? 다른 사람이 너에 대해 더 말하는 것? 사람들이 너를 더 칭찬하는 것? 더 많은 사랑을 받는 것? 너는 이런 것들 때문에 중요한 사람이 되고 싶은 거니?

- 너도 알다시피 오랫동안 계속해서 '인기 있는' 사람이 된다는 건 굉장히 어려운 일이야. 정신적으로 압박이 심할 거야. 언제든 인기를 잃을 수 있다는 두려움 때문에 말이야.

## 조심하기

- 자녀가 '인기 있는' 아이가 되기를 간절히 바라는 것.
- '인싸' 학생을 과하게 칭찬하고 '아싸'라고 불리는 아이는 무시하며 인기 있는 아이하고만 친구가 되라고 강요하는 것.
- 아이가 '아싸' 부류에 속해 있어도 무관심한 것.
- 다른 사람 얘기를 할 때 우리 스스로 그 사람을 깎아내리는 별명이나 단어를 사용하는 것.

제안

- 가족이 모두 모였을 때 서로에 대한 장점을 하나씩 이야기해보세요. 이제껏 잘 몰랐던 자신의 장점을 발견할 수도 있습니다.

# 친구들이 입는
# 브랜드 옷을 갖고 싶어요

소비의 사회가 우리에게 끼치는 영향력을
아이에게 알려주세요

아이가 다니는 학교에서 교복을 착용하지 않을 때, 아이가 브랜드 의류를 고집한다면 어떻게 해야 할까요? 아이와 옷 전쟁을 벌이면 이길 수 있을까요? 다른 아이들처럼 유명 상표의 옷을 입고 싶어 하는 아이의 마음을 우리는 십분 이해합니다. 그러니 때에 따라 품질이 뛰어나고, 그 덕에 오래 입을 수 있다면 가끔은 브랜드 의류를 사주는 것도 생각해볼 일입니다.

### 기억하기

- 평소에 브랜드 제품이라는 주제를 놓고 아이와 대화해보세요. 미리 이야기해두면 아이가 브랜드 의류를 사달라고 요구할 때 서로 마음이 상하고 화내는 일을 피할 수 있습니다.
- 아이의 말을 끝까지 들어주고 난 후에, 요구사항은 잘 들었으며 생각할 시간을 달라고 얘기합니다.
- 아이가 도저히 들어줄 수 없는 요구를 한다면, 우선 지금 우리의 기분이 어떤 상태인지 의식하고, 일어나는 감정에 신경질, 짜증, 화 등과 같이 구체적인 이름을 붙여 마음에 담아놓습니다. 이렇게 하면 아이와 얘기를 더 나누지도 않고 무조건 "안 돼"라고 말해 아이를 상처받게 하는 일을 피할 수 있고, 아이와 싸우지 않으려고 어쩔 수 없이 "그래"라고 대답하는 일도 피할 수 있습니다.
- 가장 합리적인 결정을 내리려면 차분한 마음으로 평정을 유지해야 합니다. 사실 어떤 결정을 내려도 상관은 없습니다. 아이의 요구를 즉시 거절해도 되고 수락해도 되죠.

아니면 아이가 아무리 졸라대더라도 대답을 뒤로 미뤄도 됩니다.

- 만일 아이의 요구를 거절하거나 나중에 대답하기를 선택했다면, 거절 때문에 아이가 겪을 조바심이나 분노의 감정을 이해해주세요. 다만 아이가 끊임없이 똑같은 얘기를 꺼내지 못하도록 단호하게 거절해야 합니다.

- 만일 아이의 요구를 수락한다면 기꺼운 마음으로 해주세요. 우리가 수락하는 이유는 아이의 요청이 합리적이라고 생각하거나, 부모로서 유연한 태도를 가지는 게 좋다고 생각해서, 혹은 때때로 선물을 해주고 싶어서죠. 유명 브랜드의 옷을 입는 것은 아이가 자기 외모를 더 긍정적으로 느끼고, 또래 무리에 쉽게 섞이는 데 도움이 될 수도 있습니다.

대화하기

---

**"저랑 친한 친구들은 모두 ○○ 브랜드 옷을 입어요. 저도 갖고 싶어요."**

– 반에서 다른 아이들은 어떤데? 너는 브랜드 옷을 입는 게

중요하다고 생각해? 아이들끼리 어떤 브랜드를 입었는지 얘기하기도 하니? 너한테 브랜드 옷이 없어서 다른 애들이 부럽니? 왜 부러워? 이런 트렌드를 어떻게 생각해? 유행을 따라가는 게 중요하다고 생각하니? 반에서 브랜드 옷을 입지 않은 아이들도 다른 아이들이 존중해주니?

- 이 점퍼(바지/스웨터)에서 특별히 마음에 드는 부분이 있어?

- 너는 이 옷을 정말로 원하는 거야? 아니면 다른 아이들이 입으니까 입고 싶은 거야? 이 옷을 가지면 더 행복할 거 같아? 언제부터 이 옷을 입고 싶었어?

- 넌 '모든 아이'가 이 운동화를 신고 다닌다고 하는데 정확하게 몇 명이나 신고 다니니?

(요청을 수락하거나 거절할 때)

- 그래, 그렇게 하자. 다른 사람들과 완전히 다르게 사는 건 진짜 너무 어렵거든.

- 네가 실망했다는 건 알아. 하지만 나도 내가 원하는 옷을 모두 갖고 있지는 않은걸. 넌 이미 브랜드 옷을 몇 벌 가

지고 있잖아. 내가 보기엔 지금도 충분해. 그리고 넌 다른 사람이 널 어떻게 보든지 상관하지 말고 너 자신을 있는 그대로 받아들일 필요가 있어. 물론 어려운 일이긴 하지만 말이야.

## 조심하기

- 아이가 요구할 때 생각할 시간도 갖지 않고 바로 대답하는 것.
- 브랜드 제품이라면 무조건 거절하는 것.

## 제안

- 브랜드 제품을 살 때 아이에게 용돈을 보태도록 제안해보세요. 아니면 생일이나 크리스마스 때 선물로 주겠다고 제안해보세요.
- 아이에게 유행에 관한 격언을 생각해보게 합니다. "유행, 그것은 이미 지나갔다."(장 콕토), "유행은 금세 지나고, 스타일은 영원하지 않다!"(코코 샤넬)

- 학교에서 교복을 입는 이유를 함께 생각해보세요.

단점 획일화 문제, 한 해가 지나도 바뀌지 않는 교복, 개인의 자유와 창의력과 표현의 자유를 제한한다는 생각 때문에 생기는 분노 등이 있을 수 있습니다. 게다가 어떤 아이들은 자기네 교복이 예쁘지 않다고 생각합니다.

장점 학생들에게 학교와 학급에 대한 소속감을 줄 수 있습니다. 교복은 학생들 간에 겉으로 보이는 차이들을 지워주어, 학교 친구들의 진정한 품성을 더욱 쉽게 발견할 수 있도록 도와줍니다. 옷이 그 옷을 입은 사람에게 가치를 부여하고, 서로 경쟁하게 만들며, 더는 다른 아이들을 차별하거나 부러워하게 만드는 원천이 될 수 없을 때, 사람의 내적인 특성은 더욱 잘 드러나기 마련입니다. 어떤 부모들은 아침마다 옷 때문에 전쟁을 벌이지 않아도 되고, 옷 구매 비용을 줄일 수 있다는 이유로 교복 착용을 더 좋아하죠. 브랜드 옷을 사달라는 아이의 요구 앞에서 전략을 짜기도 훨씬 더 쉬워집니다.

# 3

# 사회에서 성장하는 중입니다

인간은 본래 관계의 존재여서 혼자서 성장할 수 없습니다. 아이는 자신의 나이에 따라 필요한 것들을 공급해주는 가정 안에서 자라기 시작합니다. 그리고 부모의 도움을 받아 조금씩 공공의 이익을 존중하는 법을 배우고, 학교를 비롯한 스포츠, 문화, 교육 집단에 소속해 삶의 범위를 차츰차츰 확장해갑니다. 각각의 집단에는 지켜야 할 규칙이 있습니다. 점점 더 많은 시간을 가정 바깥에서 보내며 성장해나가야 할 아이는 집단의 일원으로서 자율성과 책임감을 더욱 키워나가야 합니다.

# 왜 규칙을 꼭 지켜야 해요?

소속 집단에서 자신의 재능을 사용하고
정당한 자리에 있도록 도와주세요

혼자 살 수 있는 사람은 아무도 없으며, 고유한 재능을 지닌 사람들은 서로를 필요로 합니다. 우리가 관계를 맺고 살아가는 사람들은 워낙 다양해서, 때때로 서로 화합하거나 이해하기가 어려운 경우도 있습니다. 따라서 각자 자기가 속한 집단이 잘 돌아가고 모든 구성원이 만족할 수 있도록 자신의 재능으로 기여해야 하죠. 이는 친절함과 인내, 관용을 배울 수 있는 기회이기도 합니다.

## 기억하기

- 공동체 속에서 각 사람이 차지하는 자리와 역할은 인간의 몸에 비유하여 설명할 수 있습니다. 구성원 각자가 자기 자리에 있을 때 공동체의 기능이 원활해집니다.

- 조화롭게 함께 살아가기 위해 규칙이 필요하다는 사실을 설명합니다. 규칙이 지켜질 때, 서로 협조하고, 우정을 나누고, 새로운 사람을 만나고, 함께 나누고, 연대하는 일들이 가능해집니다.

- 우리가 편안하게 살아갈 수 있는 것은 가족이 하는 수고 외에도 자기의 시간을 내어주거나 일을 하는 모든 사람 덕분임을 아이에게 알려주세요. 식품, 건강, 교육, 운동, 방송, 예술, 정치…. 이런 온갖 일에 종사하는 사람들 없이 우리는 무엇을 할 수 있을까요? 이들이 하는 일과 서비스를 이해하고, 감사하는 마음을 갖게 해주세요.

- 피부색이나 출신(지리, 문화, 사회적으로 다른 출신), 견해, 신념과 종교가 무엇이든지 간에 모든 사람은 존중받아야 한다는 사실을 아이에게 각인시켜주세요.

- 아이가 사람들을 존중하고 공공의 이익에 필요한 규칙들을 지키게 해주세요. 버스 운전기사, 환경미화원 같은 분들에게 인사하고 감사하다는 말을 전하거나 공공장소와 대중교통을 이용할 때 질서를 지켜야 한다고 알려주세요.
- 자기 자신을 존중해야 하며, 혹시라도 괴롭힘을 당할 경우 우리에게 반드시 얘기해야 한다고 가르쳐주세요. 안전에 대한 규칙을 지킬 수 있게 틈날 때마다 지도합니다(모르는 사람은 절대 따라가지 말 것, 횡단보도로 건널 것 등).
- 아이가 자신의 재능을 다른 이를 위해 쓸 수 있도록 격려해주세요.

대화하기

---

(사회를 이루는 각 사람의 역할을 설명할 때)

- 신체의 각 부분은 모두 달라. 하지만 중요하지 않은 곳은 없지. 눈이나 손, 폐가 하나만 있는 사람이라면 다른 사람처럼 편안하게 살기 힘들고 고통스러울 거야. 신체의 모든 부분은 각기 역할이 있어. 사회와 여러 집단도 마

찬가지야. 사람 몸의 여러 기관처럼 우리는 모두 다 다르단다. 한 집단이 문제없이 잘 돌아가려면 각 사람이 자신의 역할을 잘 수행해야 해. 예를 들어, 축구팀에서 물자를 담당하는 사람은 코치나 선수, 잔디를 깎는 정원사와 마찬가지로 꼭 필요한 사람이야. 이들 중 한 명이라도 없으면 그 팀은 축구를 할 수 없잖아.

- 네가 먹고 있는 오렌지가 밭에서 과일가게로 오기까지 얼마나 많은 사람의 수고를 거쳤는지 아니?

"왜 규칙을 꼭 지켜야 해요?"

- 만일 모든 사람이 자기가 하고 싶은 대로 하면서 살아간다면 무슨 일이 벌어질까? 어떤 사람은 바나나 껍질을 쓰레기통에 버리지 않고 길바닥에 버리겠지! 또 어떤 사람은 더 오래 자려고 학교에 아무 때나 가고, 누군가는 규칙적으로 샤워를 하는 것보다 더러운 냄새를 풍기는 걸 좋아하고, 집배원은 이틀에 한 번 배달하겠다고 결심하고…. 이런 식으로 사는 게 어떨 것 같아? 세상이 이렇게 돌아간다면 정글과 다를 게 없어. 정글의 법칙처럼 강자만 살아남는 세상이 되는 거야.

- 우리는 모두 서로가 필요해. "난 절대 아무도 필요하지 않아! 나는 혼자서도 아주 잘 살아"라고 누가 말할 수 있을까? 물론 규칙을 존중해야 한다는 건 너뿐만 아니라 나한테도 썩 내키는 일은 아니야. 하지만 모든 사람이 깨끗한 길에서 산책하는 혜택을 받으려면 각자 자기 개를 잘 감시하고 똥도 치워야 해.

- 각각의 사람은 모든 사람의 행복에 책임이 있어!

- 어떤 이들이 누리는 자유는 다른 사람들의 자유가 멈추는 곳에서 시작한단다.

**"왜 고맙다고 인사해야 해요?"**

- 다행히도 마트에서 일하는 사람들이 있어서 우리는 장을 볼 수 있어! 그게 그 사람들 일이긴 하지만 그 사람들이 월급을 받는다고 감사 인사를 하지 않거나 "안녕히 계세요"라고 말하지 않아도 된다는 건 아니야!

- 이렇게 깨끗한 곳에서 산책하니 기분이 참 좋지? 이 장소를 존중하고 싶은 마음이 들지 않니?

(자기 자신을 존중하도록 가르칠 때)

- 예를 들어, 네가 다니는 연극 교실에서 누군가가 너를 끊임없이 비난하고, 기분 나쁜 말을 해대고, 놀리고, 무시하고, 욕을 한다면, 그게 당연한 일이라는 생각이 드니? 물론 그렇지 않지! 그건 당연한 일이 아니야! 그런 일이 생기면 네가 당하는 일이 부당하다는 걸 알아야 해. 그게 너 자신을 존중하는 거야. 그리고 우리가 널 도울 수 있게 반드시 그 일을 말해줘야 해. 네 선에서 해결이 안 되면, 우리가 책임자에게 직접 경고할 거야.

(모든 사람은 존중받아야 한다는 사실을 가르칠 때)

- 피부색이 너보다 짙은 그 친구는 아주 먼 나라에서 왔고, 우리와는 다른 생활방식을 가지고 있어. 어떨 때는 네가 깜짝 놀랄 정도로 다르지. 하지만 너도 그 아이도 아주 소중한 사람이고, 서로를 존중해야만 해.

- 그 아이를 더 많이 알려고 해 봐. 우리한테는 없지만 그 아이의 내면에 있는 좋은 점들을 발견하게 될 거야.

- 그 아이는 다른 사람과 다를 권리가 있고 존중받아야 할 권리가 있어.

- 너는 네 모습 그대로의 너로 남아 있으면 되고, 그 아이도 자기 모습 그대로 살아가면 돼.

- 모두는 서로를 보완해준단다. 그래서 아주 멋진 결과를 낼 수 있지.

조심하기

- 아이에게 지키라고 하는 일을 정작 부모 자신은 지키지 않는 것.

제안

- 가족이나 이웃끼리 아침마다 동네의 쓰레기를 줍는 봉사단을 만들어보는 건 어떨까요? 다양한 연령대의 사람들이 즐겁고 정겹게 참여할 수 있는 유익한 작업이 될 수 있습니다.

# 왜 시간을 내서 봉사활동을 해요?

아이가 자신이 할 수 있는
연대의 행동에 참여하게 해주세요

협력은 가정에서부터 시작합니다. 어린 자녀는 가정에서 도움이 된다는 사실에 행복과 자부심을 느끼죠. 가족적이고 친근한 분위기 속에서 몸에 배인 습관은 노인이나 장애인 혹은 곤경에 처한 사람들이 속해 있는 더 큰 집단에서 봉사하는 일로 확대될 수 있습니다. 봉사는 노력과 인내를 요구하지만 다른 이에게 손을 내미는 경험은 아이에게 참된 기쁨을 가져다줍니다.

- 가족적이고 따뜻한 관계를 유지하며 우리가 먼저 모범을 보입니다. 다른 사람의 어려움에 주의를 기울이고 가능하다면 그들을 돕기 위해 준비합니다.

- 집에서 아이에게 역량에 따라 도움을 청합니다. 비록 어른이 하는 것보다 일이 훨씬 느려지고 원하는 만큼 깔끔한 결과가 나오지 않아 결국 뒤처리하는 일이 더 많아진다고 해도 아이들이 집안일을 하는 데 익숙해지는 게 좋습니다. 아이가 완벽하게 도와줄 나이가 될 때까지 기다릴수록, 아이에게 돕는 것을 가르치는 건 훨씬 어려워집니다.

- 형제자매끼리 서로 협력하는 마음을 키워줍니다. 동생이 옷 입는 것을 도와주거나 동생 숙제 도와주기, 방 정리 등이 있겠죠.

- 아이가 할 수 있는 범위 내에서 노인, 장애인, 독거인 등에게 관심을 표할 수 있는 행동을 함께 선택합니다. 예를 들면, 버스에서 노약자석에 앉지 않기, 무거운 짐을 든 사

람에게 도움주기, 혼자 사는 이웃 방문하기, 아기 돌봐주는 봉사하기, 카드 쓰기, 쓸 만한 장난감을 불우한 환경의 아이에게 주기, 요양원 방문을 위한 연극이나 합창단에 참여하기 등 여러 활동이 가능합니다.

- 아이에게 다른 나라 사람들과 연대하는 긍정적인 효과를 알려주기 위해, 아이 각자의 감성과 연령에 맞는 다큐멘터리나 르포 영상, 전시회 등을 보여주세요. 다른 나라 아이들의 삶에 관한 다큐멘터리나 르포 영상은 아이의 마음에 더 와닿습니다.

## 대화하기

(아이에게 본을 보이려면)

- 네 이모한테 걱정거리가 있어. 내가 이모 걱정을 해결해주지는 못하지만 도와주러 가는 건 중요해.

- 엄마(아빠) 친구가 병원에 입원했어. 좀 복잡한 문제이긴 한데 그 집 아이들을 봐줄 생각이야. 그리고 그 집 식구들이 힘든 시기를 잘 이겨내도록 도울 수 있는 일은 뭐든지 하려고 해.

(집안일을 요청하려면)

- …를 해야 하는데 좀 도와주겠니?

· 아이가 수락할 경우: 고마워.

· 아이가 거절할 경우: 도와줄 수 없다니 어쩔 수 없다만, 다음번에는 네 일은 너 혼자 해야 할 거다. 그때는 네가 아무리 힘들어도 우리 도움을 받지 못할 거야.

(형제자매 간에 서로 돕는 마음을 키워주려면)

- 언니한테 그 문제 좀 알려달라고 하겠니? 동생 방 정리 좀 도와줄래?

- 형한테 축구 교실에 데려다 달라고 할래?

(다른 사람을 위해 봉사활동을 하고, 다른 나라 아동의 생활에 관심을 가지게 하려면)

- 오늘 저녁엔 다큐멘터리를 한 편 보자. 다른 나라 아이들이 어떻게 사는지 보여주는 다큐멘터리인데, 믿기 힘들 정도로 놀랍고 충격적이야. 하지만 이 아이들이 행복하게 살 수 있도록 헌신하는 사람들이 있어. 그들이 얼마나 큰 사랑을 행하는지도 볼 수 있단다.

**"왜 시간을 내서 봉사활동을 해야 하나요?"**

- 세상에는 자신의 시간을 내어주고 몸을 아끼지 않고 봉사하는 사람들이 있어. 하지만 지금 여기, 우리 옆에도 도움이 필요한 사람들이 많아. 우리는 그 사람들을 위해 무언가를 할 수 있어.

- 혼자 외롭게 사는 이웃을 방문하고 오면, 너도 다른 사람에게 기쁨을 줄 수 있고 그 일로 네가 행복해진다는 사실을 알게 될 거야.

- 도움을 주고 다른 사람을 기쁘게 해주는 건, 준 사람과 받는 사람 모두를 행복하게 한단다.

**"왜 다른 아이에게 이걸 줘야 해요?"**

- 네가 이 장난감을 무척 아끼지만 거의 사용하지 않는다는 걸 알아. 갖고 놀 게 아무것도 없는 아이에게 이 장난감을 주면 어떨까? 아이가 정말 행복해할 거야. 네가 마음을 조금만 넓게 쓰면 그 아이를 기쁘게 해줄 수 있을 것 같지 않니?

## 조심하기

- 아이에게 심부름을 전혀 시키지 않고 부모가 알아서 다 하거나 반대로 너무 지나치게 집안일을 시키는 것.
- 다른 나라 아이들이 겪는 고통에 대해 전혀 언급하지 않는 것.
- 봉사활동에 참여하라고 강요하는 것.

## 제안

- 가족들 모두가 관심을 가지는 분야에서 구호 활동을 하는 단체에 부모가 기부하고, 아이에게도 참여하라고 제안해보세요.
- 가족끼리 가끔이라도 봉사활동을 하자고 제안해보세요. 예를 들면, 한센병 환자를 위한 의연금 기부, 크리스마스 노인 방문 등이 있을 수 있겠죠.
- 구호단체의 자선활동을 알리는 잡지를 아이의 손이 닿는 곳에 두고, 때때로 같이 읽어보세요.

# 학교에서 스마트폰 쓰면 안 돼요?

부모와 같이 있지 않을 때도 책임감 있고
정직하게 행동하도록 가르쳐주세요

아이는 이제 부모가 더 많이 믿어줘야 할 나이가 되었습니다. 아이는 단체생활의 기본 규칙들을 이미 알고 있으며, 다른 사람과 함께 지내는 일이 항상 쉽지만은 않다는 것도 압니다. 자율적인 활동이 훨씬 수월해져 자기가 알고 있는 금기를 어기려는 시도도 합니다. 자기 자신과 다른 사람, 환경, 규칙과 법을 존중하는 일이 얼마나 중요한지 마음속에 새기고 실천할 수 있도록 도와주세요.

## 기억하기

- 규칙을 어기거나 쉽게 속일 수 있는 상황에서도 부모 자신부터 정직하고 올바르게 행동하여 아이에게 모범을 보여줍니다. 마찬가지로, 훗날 아이가 다른 사람들에게 영향을 미칠 본보기(좋은 본보기든 나쁜 본보기든)의 중요성에 관심을 갖게 합니다.

- 남을 속이려고 시도했던 일, 금지 사항을 지키지 않았던 일과 그 결과를 민망하더라도 아이에게 솔직히 얘기해보세요. 부모가 직접 경험한 일은 아이에게 훨씬 설득력이 있습니다.

- 규칙과 금지 사항을 존중하는 아이로 키우기 위해, 강제적인 조치들이 있어야 하는 이유를 설명해주세요. 그리고 우리가 규칙을 정하고 어떤 일을 금지하는 것은 아이의 행동을 감시하기 위해서가 아니라 아이를 신뢰하기 위해서라고 이야기해주세요.

- 아이가 집 밖에서 책임감 있게 행동하도록 주의를 주고, 잘 지키는지 확인합니다.

- 아이가 만일 규칙을 지키지 않았다거나 벌을 받았다면 행동의 결과에 책임을 지도록 합니다. 아울러 이런 행동으로 인해 우리가 더는 아이를 신뢰할 수 없으며, 신뢰를 회복하기 위해서는 정직한 행동을 해야 한다는 점을 분명하게 얘기합니다. 이 사실을 명확히 알려주기 위해, 신뢰가 깨지지 않았더라면 우리가 허락해줄 수 있었던 것들을 아이에게 거절할 수 있습니다.

### 대화하기

**"내 친구는 아홉 살이라고 하고 요금 안 냈다는데요."**

- 열 살 이하 어린이는 박물관에 무료로 입장할 수 있어. 우리는 매표소에서 네가 아홉 살이라고 말할 수도 있을 거야. 창구에선 전혀 알지 못할 테니까. 하지만 그건 정직하지 못한 짓이야. 전혀 걸리지 않을 상황에서도 우리는 정직해야 해!

- 네가 버스 요금을 내면 버스 회사는 그 돈으로 운전기사에게 월급을 주고, 기름값을 내고, 버스를 관리한단다. 만약 요금을 내는 사람이 아무도 없다면 대중교통은 존

재할 수가 없어!

**"학교에서 스마트폰을 쓰면 안 돼요? 어른들은 항상 쓰잖아요."**

- 학교에서 스마트폰을 사용하지 못하게 하니 마음에 안 들지? 나도 네 마음은 이해해. 하지만 학교에서 그런 조치를 취한 덕분에 학생들은 수업에 더 집중할 수 있고, 쉬는 시간에도 다른 친구들과 어울려 놀 수 있는 것 아니겠니? 게다가 몇몇 애들이 돌려보는 이상한 사이트에 접속할 위험도 없고 말이야.

(공공장소에서)

- 만일 지하철에서 옆 사람이 똑바로 앉지 않고, 의자에 발을 올리고, 너무 크게 떠든다면 어떨 것 같니? 너도 그렇게 하고 싶은 생각이 들까? 어쩌면 그럴 수도 있겠지만 나는 네가 바르게 행동할 거라고 믿어. 그리고 네가 다른 승객들을 배려해 바른 자세로 앉아서 조용히 지하철을 타고 간다면 정말 자랑스러울 거야.

- 오늘 아침에 내가 투명인간이 되었는데, 너와 지하철에 같이 탔다고 상상해보자. 투명인간인 내가 지하철에서

네가 하는 행동을 보면 널 자랑스러워할까, 아니면 창피해할까?

(자신이 저지른 행동의 결과에 책임지도록 하려면)

- 넌 돈을 내지 않고 버스를 탔다가 결국 벌금을 내게 됐어. 잘못된 행동을 했으니 버스비보다 훨씬 많은 돈을 내도 할 말이 없어. 벌금은 네가 내도록 해.

(신뢰를 잃었음을 알려주려면)

- 너는 내 신뢰를 깨뜨렸어. 이젠 네가 하는 말이나 행동을 매번 확인할 수밖에 없어. 내가 널 다시 신뢰할 수 있는지는 너 스스로 증명해야 해.

### 조심하기

- 어른이 나쁜 본보기를 보이는 것.
- 규칙이 있어야 하는 이유에 대해 어떤 설명도 해주지 않는 것.

제안

- 아이에게 이미 얘기해주었더라도 아이가 자주 잊어버리는 예의범절의 의미를 반복해서 알려주고 잊지 않도록 가르쳐주세요.

# 그래도 정말 갖고 싶단 말이에요

## 아이에게 원하는 것과 필요한 것의 차이를 알게 해주세요

인식을 하든 안 하든, 우리는 소비 사회에서 살아갑니다. 모든 게 손이 닿는 곳에 있고, 모든 상품이 구매욕을 불러일으키며, 광고는 모든 게 필요하다고 믿게 하죠. 산업계는 매력적이지만 그다지 튼튼하지 않은 고사양의 물건들을 끊임없이 만들어냅니다. 그러나 유행은 금세 지나가고 사람들은 다른 물건으로 갈아타기를 원합니다.

부모는 아이들이 이 모든 유혹에서 벗어나도록 이끌어야 하며, 자신의 소비 방식에 책임감 있게 행동하도록 교육해야 합니다. 우리에게 주어진 것을 존중하는 건, 낭비와 허비와 사치를 거절하는 것이기도 합니다.

## 기억하기

- 소비 사회가 돌아가는 방식을 아이에게 설명해주세요. 소비 사회는 광고로 우리의 욕망을 자극하며, 광고하는 상품이 꼭 필요한 것이라고 믿게 만든다는 사실을 찬찬히 알려줍니다. 시장에 좀 더 완벽한 새로운 모델이 나오자마자 그 모델로 바꾸고 싶다는 욕망에 저항하는 습관을 들이게 해주세요.

- 아이가 새로운 게임이나 옷 등을 사달라고 할 때 이유를 말할 수 있게 시간을 주세요. 그중 어떤 말들은 옳을 수 있습니다.

- 만일 거절해야 한다면 아이의 실망을 공감해주는 걸로 시작하세요. 그리고 아이의 요구가 불합리하지 않다고 인정해주고 나서, 이번엔 거절하는 이유를 들어보게끔 하세요.

- 무언가를 갖고 싶은 마음이 충족되지 않는 건 자연스러운 현상이라는 사실을 받아들이게 하고, 실망한 아이를 다독여주세요.

- 일단 대답을 하고 난 후에는 아이가 다시 요청해도 거절합니다.
- 부모인 우리도 모든 욕망을 채울 순 없으며, 대신 욕구에 저항하는 방법을 안다고 아이에게 말해줍니다.
- 집에 있는 물건이든 바깥에 있는 물건이든, 우리 것이든 아니든, 우리가 사용하는 것들을 아끼고 잘 관리하여 아이에게 모범을 보여줍니다.
- 물, 식량, 전기, 가스, 종이와 같은 자원들은 빠르게 고갈되고 있습니다. 아이가 이런 자원을 함부로 낭비하지 않고 절약하는 습관을 들이게 하세요.
- 아이에게 자기가 사용하는 것, 소유한 것, 받은 것, 소비하는 것, 빌린 것을 아껴 쓰도록 교육하세요. 물건을 함부로 다루거나 낭비하지 못하게 합니다.
- 아이가 함부로 사용하다가 고장 난 물건은 함께 수리하고, 만일 다른 물건으로 교체해야 한다면 교체 비용에 일정 부분 기여하게 합니다(돈을 내거나 집안일을 하는 식으로).

• 자원 재활용을 위해 분리수거의 중요성을 알려주세요.

대화하기

(소비 사회가 어떻게 기능하는지 생각해보게 하려면)

- 브랜드 상품들은 끊임없이 우리의 구매욕과 소비 욕망을 자극해. 물건들은 넘쳐나고 서비스도 셀 수 없이 많지. 기업들은 소비자의 마음을 더욱 강력하게 끌어당기려고 인터넷이나 잡지, 라디오, 텔레비전 등에 제품을 광고한단다.

- 늘 더 좋은 품질에 더 완벽한 물건들(옷, 액세서리, 음식, 전자제품 등)을 끊임없이 구입하면서, 우리는 지구를 망가뜨릴 물건이 더 많이 생산되도록 부추기고 있어. 이런 물건들을 대량으로 생산하면 할수록 이산화탄소 배출이나 포장 쓰레기 등으로 인해 환경오염이 심해진단다.

- 네가 입은 면 티셔츠가 어떻게 만들어졌는지 아니? 파키스탄에서 목화를 재배해 실을 생산하면, 인도에서 그 실을 수입해서 옷감을 만들어. 그다음에는 스리랑카에서 옷감을 자르고 재봉하지. 그걸로 엄청난 양의 티셔츠를

생산해. 그리고 컨테이너에 실어서 한국으로 들여오는데, 이때 아랍에서 생산한 석유 덕분에 선박을 운항할 수 있는 거야. 그러고 나서 도매업체가 티셔츠를 대량으로 구매한 다음에 옷가게나 쇼핑몰 등에 팔아. 그러면 네가 지금 입은 티셔츠를 살 수 있는 거야. 네가 이 옷을 입기까지 얼마나 많은 사람이 일했는지 상상할 수 있겠니? 나는 심지어 그 과정에서 거래를 맡은 중개업체들 얘기는 하지도 않았어!

**"친구들처럼 저도 갖고 싶단 말이에요."**

- 우리가 사는 소비 사회에서, 광고, 텔레비전, 라디오, 영화, 잡지 같은 수많은 매체는 언제 어디서나 우리를 유혹하고 있어. 이런 수많은 욕망에 저항하는 건 무척 어려운 일이지만 꼭 배워야 할 일이기도 해.

- 네가 요구한 사항은 잘 들었어. 넌 내가 "알았다"라고 대답하면 좋아하겠지. 나도 네가 기뻐하는 모습을 보는 게 좋아. 하지만 (…한 이유로) 그건 불가능해. 내 대답이 널 실망하게 할 거란 것도 알고 그렇게 대답해서 나도 마음이 썩 좋지는 않아. 하지만 원하는 모든 걸 가질 수 없더라도 행복할 수 있다는 사실을 알았으면 좋겠다. 만일 그

게 너한테 정말로 필요하다면 난 물론 허락할 거야!

- 네 얘기는 잘 들었어. 조리 있게 말을 참 잘하는구나. 사업을 하면 정말 잘할 것 같아. 하지만 이젠 내 이야기 좀 들어보겠니?

**"그래도 정말 갖고 싶단 말이에요."**

- 거절하는 이유를 너한테 분명히 말했잖니? 넌 이미 완벽하게 이해했으니 내가 똑같은 말을 또다시 할 필요가 없어. 그걸 못 가져서 기분이 안 좋다는 건 알지만 아까도 말했듯이 네가 원하는 모든 걸 갖지 않고도 계속해서 행복하게 지낼 수 있어.

(우리도 모든 욕망을 충족하지 못하며, 욕구에 저항한다는 사실을 아이에게 설명하려면)

- 지난번에 친구 집에 갔는데, 로봇청소기가 혼자서 온 집 안을 청소하면서 돌아다니더라. 정말 편리해 보여서 진짜 갖고 싶었어. 청소하는 시간도 대폭 줄어들 테고, 힘도 안 들 테니 얼마나 편하겠니. 그걸 사자고 아빠(엄마)와 얘기해봤는데, 결국 그것 때문에 우리의 예산을 쓸 수는 없다고 결론 내렸단다. 슈퍼 로봇을 사느니 차라리 네

가 방과 후 활동을 계속할 수 있게 해주는 편이 낫다고 생각했어. 아쉽지만 나는 안 사기로 한 결정을 받아들였단다. 비록 로봇청소기는 없지만 그렇다고 불행하지는 않아.

(물자를 아껴 쓰게 하려면)

- 샤워할 때 몸을 헹군다고 10분이나 물을 흘려보내야겠니? 기분이야 엄청 좋겠지만, 물을 너무 많이 낭비하잖아! 좀 더 아껴 쓰는 습관을 들이는 게 좋아.

(지구를 보호하는 일에 동참하게 하려면)

- 집에서 재활용 쓰레기를 더 철저히 분리하면 박스나 종이, 유리, 쇠, 플라스틱을 재활용하는 사람들이 일을 좀 더 수월하게 할 수 있어. 이들은 이런 재료로 우리가 다시 사용할 수 있는 물건들을 만든단다.

조심하기

---

- 낭비하고 허투루 쓰고 필요 이상의 것을 소비하는 것.
- 물건을 제대로 다루지 않거나 잃어버려서 끊임없이 새

물건으로 교체하는 것.

제안

- 이미 읽은 책과 잡지들을 팔거나 나누게 합니다.
- 아이가 더는 입지 않는 옷을 아이와 함께 다르게 만들어 봅니다. 재봉용 조각 천과 열접착 원단 등을 이용할 수 있습니다. 요즘에는 얼룩진 티셔츠나 구멍 난 바지를 다르게 만들 수 있는 수많은 방법을 인터넷으로 쉽게 찾아볼 수 있습니다.
- 습관적으로 쓰레기통에 버리는 음식물 찌꺼기를 이용하여 유기농업을 해보고 아이도 참여하게 합니다.
- 돈의 목적을 아이와 함께 생각해봅니다. 진정한 부유함은 물건을 잔뜩 쌓아놓는 것이 아니라 부유함 덕에 누릴 수 있는 자유(공부, 여러 활동, 여행 등)라는 것을 이야기해 주세요.

# 친구네 집이 부자인 게 부러워요

## 삶에서 돈의 역할과 위상에 대해 적합한 시각을 가지도록 해주세요

돈은 생활하는 데 필요한 기본적인 비용을 대는 수단으로, 먹고 입고 거주하며 위생적인 생활을 할 수 있게 해줍니다. 필요를 채워주는 것 외에도 돈은 수많은 욕구를 이룰 수 있게 하죠. 예를 들어, 우리는 돈으로 신상 게임이나 여러 가지 도구 등을 삽니다. 또한 어렵게 사는 사람들을 도울 수도 있습니다.

돈 이야기를 하는 것은 금기 사항이 아닙니다. 아이들도 자기들끼리 돈에 대해 이야기합니다. 아이와 함께 돈에 대해 이야기하는 것은 일, 생활 수준의 차이, 저축, 부에 관한 유혹, 거리에서 보는 가난 등에 대해 더 올바른 시각을 가질 수 있도록 해줍니다.

- 아이가 초등학교 고학년 이상이라면, 여러 비용 중에서 선택이 필요한 가정 재정의 운용, 국가와 세계의 금융 메커니즘에 흥미를 느끼고 경제에 관한 공부를 시작할 수 있게 합니다.

- 돈에 대한 책임감을 가르치기 위해 아이에게 적은 금액을 용돈으로 주어 스스로 사용하고 관리하게 합니다. 만일 아이가 크리스마스나 생일 등 특별한 날에 좀 더 많은 돈을 받게 된다면 아이와 함께 그 돈을 어떻게 쓸지에 대해 얘기하며 돈 관리에 개입하세요.

- 돈에 대한 유혹, 질투, 인색함, 낭비 등 돈이 지닌 수많은 함정을 경계하도록 가르쳐주세요.

- 너그러운 마음으로 나눔을 실천하도록 가르쳐주세요. 어려운 사람을 돕고 가진 것을 나눌 수 있도록 유도해주세요.

- 위기 속에서 사는 사람들과 빈곤의 현실을 알려주고, 사회 불평등을 개선하기 위해 노력하는 단체들에 대해서도

이야기해주세요.

대화하기

---

(가정의 재정 관리와 경제의 의미에 관심을 가지고 배우게 하려면)

- 내가 하는 일 덕분에 우리는 매달 일정한 수입이 있어. 그 돈으로 우리는 이 집에 살고 먹고 입고 교통수단을 이용하고 건강을 지키고 다양한 활동을 하고 단체에 기부하는 것 같은 여러 가지 활동을 한단다. 너도 보다시피, 예산을 짰기 때문에 꼭 필요한 것들을 할 수가 있어. 여행도 갈 수 있고 때때로 작은 선물도 할 수 있지. 외식을 자주 하고, 갖고 싶은 건 모조리 사고, 좀 더 이국적인 곳으로 가서 휴가를 즐긴다면 분명 신나는 일일 거야. 그러나 지금은 현실적으로 불가능해. 그래도 언젠가 우리 모두 함께 근사한 여행을 가기를 원한단다. 그렇게 하려고 돈을 모으고 있어. 기다리렴!

"용돈으로 제가 원하는 것 다 사도 돼요?"

- 선택은 네가 하는 거야. 지금 당장 네가 원하는 사탕을

살 수도 있고, 그 돈을 저금해서 나중에 스케이트보드를 살 수도 있어.

- 이것저것 소소한 것들에 돈을 덜 쓰면 돈을 아낄 수 있어. 그러면 네가 정말로 원하는 것을 살 수 있는 큰돈이 되는 거야.

**"친구네 집이 부자인 게 부러워요."**

- 친구네 집이 우리 집보다 훨씬 부자여서 부럽다고 했지? 그래서 네 친구가 너보다 훨씬 더 행복할까? 그렇게 생각하는 이유는 뭘까? 친구네 집은 아주 커서 더 재미있게 놀 수 있을 테니 그건 네 말이 옳아. 하지만 그 친구가 너처럼 매주 주말마다 등산을 가니? 너처럼 트램펄린을 가지고 있어? 너만큼 할머니 할아버지가 자주 오셔서 함께 놀아주셔? 아주 멋진 집은 살기에 쾌적해서 많은 기쁨을 주는 건 사실이야. 하지만 너와 함께해주는 할머니 할아버지나 친구들처럼 사랑을 주지는 않아.

**"갖고 싶은 마음 때문에 괴로워요."**

- 무언가를 원하거나 하고 싶거나 갖고 싶다는 건 살아 있다는 증거야! 그런 욕망은 우리를 움직이게 해주는 원

동력이 된단다. 욕망은 때때로 아주 강하게 나타나고 끝도 없어. 우리가 원하는 걸 하나 이루자마자 다른 욕망이 생겨나거든. 그건 누구나 마찬가지이고 정상적인 거야.

– 욕망은 선도 악도 아니야. 하지만 우리는 욕망을 제어할 책임이 있어. 예를 들어, 네가 어떤 비디오게임을 몹시 갖고 싶은데 살 능력이 없다고 가정해보자. 그 경우 네 가지 선택지가 있는데, 그중 하나를 선택해야 해.

첫째, 극단적이지만, 욕망이 널 조종하도록 놔두고 훔치는 것.

둘째, 원하는 걸 살 수 없어서 화를 잔뜩 내는 것. 그런데 네가 화를 내면 주위 사람들이 매우 불쾌해져. 결국 네가 기분이 나빠진 것 때문에 또 다른 책임을 져야 하는 거지.

셋째, 기분은 안 좋지만 즐겁게 지낼 수 있다고 마음을 바꾸는 것. 비록 원하는 걸 갖기 위해 참고 기다려야 할지라도 말이지. 기다리는 동안 웃으면서 지낼 수 있어.

넷째, 원하는 걸 당장 가지지 못해서 화가 나지만 그걸 살 수 있을 때까지 기다리기로 선택하는 것. 그리고 화를 풀기 위해 펀칭백을 있는 힘껏 두들기거나 달리는 편을 택하는 거야.

"모아둔 돈을 쓰기가 아까워요. 한 푼도 쓰지 않을 거예요."

- 넌 적지 않은 돈을 모으는 데 성공했어. 네가 그걸 쓰지 않았다니 정말 놀랍구나. 이 돈을 왜 모았니? 돈을 모으기만 하고 아무것도 안 했네! 너 원래 장난감을 사려고 했었잖아. 넌 (…를) 살 수 있는 돈이 있어. 그런데 왜 그걸 사지 않고 모아뒀니?

- 돈을 모아두고 안 쓰고 있는 게 장난감보다 너를 더 행복하게 하니?

(나누는 행동을 교육하고 빈곤과 위기 속에서 살아가는 사람들에 대해 얘기하려면)

- 어려운 사람을 도울 때는 말과 행동을 아끼고 신중하게 하렴. 가난하다는 이유로 함부로 대하면 안 돼.

- 가진 돈이 없는 사람도 우리처럼 매일매일 먹을 게 필요하잖아. 그 사람이 어떻게 그런 상황에 빠지게 되었는지 알 수 없지만, 우리가 조금은 도와줄 수 있어. 아마 가족

이 없을 수도 있고, 직장이나 집을 잃었을 수도 있어. 아니면 돈을 벌 수 없는 상황이거나. 어려운 사람을 도와주는 건 우리가 당연히 해야 할 일이야.

- 마음이 부자인 게 물질이 부유한 것보다 훨씬 가치 있다는 걸 명심해야 해.

- 다행히도 어려운 사람들을 도와주는 단체들이 있어. 이런 단체에서 일하는 사람들은 힘들게 살아가는 이들에게 자기들의 시간과 돈을 기꺼이 내준단다. 어려운 사람들은 길에만 있는 게 아니야. 우리가 보지 못하는 곳에도 어려운 사람이 많이 있어.

- 지진(쓰나미, 산불 등) 때문에 피해를 당한 사람들을 돕기 위해 돈을 보내려고 해. 만일 너도 원한다면 네 용돈을 조금 보탤 수 있어.

## 조심하기

- 노숙자들을 무시하거나 그들의 시선을 피하는 것.
- 쳐다보지도 않고 동전을 주는 것.
- 아이에게 위기에 처한 사람들을 깎아내리거나 비난하는 말을 하는 것.
- 돈 이야기를 너무 많이 하는 것.
- 아이가 심부름할 때마다 심부름 값을 주는 것.

## 제안

- 우리가 일상에서 하는 행동을 통해, 아이에게 돈을 관리하는 좋은 본을 보여주세요.
- 아이에게 식사를 준비하라고 제안하고, 다 함께 정한 예산 내에서 아이가 재량껏 장을 보게 해보세요.

# 저 사람은 왜 폭력을 사용하나요?

## 아이가 폭력의 결과에 대해 생각해보게 해주세요

우리가 사는 세상에선 폭력과 재난이 빈번하게 일어납니다. 게다가 아이들은 비디오게임을 통해 수없이 많은 범죄 장면을 보면서 죽음을 평범하게 받아들이죠. 그러나 테러나 살인 행위가 근처에서 실제로 벌어질 때, 아이의 안전감은 심각하게 영향을 받습니다. 따라서 아이를 안심시켜야 합니다.

- 아이가 폭력을 실제로 목격했거나 미디어를 통해 접했다면 아이가 묻기 전에 먼저 차분하고 구체적으로 현재 상황에 관해 이야기해줍니다. 침착한 태도를 유지하고 아이가 질문하면 답을 해줍니다.

- 최선을 다해 아이를 안심시키고, 필요하다면 아이를 달래주세요.

- 계속해서 평소처럼 생활하도록 아이를 격려합니다.

- 아이가 아무 표현도 안 하고, 아무 내색도 하지 않는다면 더욱더 주의를 기울이세요.

- 사태가 진정되면, 폭력과 그 뿌리, 표출 방식, 결과에 대해 아이와 함께 이야기를 나눕니다.

- 아이가 폭력적인 이미지를 계속 보지는 않는지 관찰합니다.

**(폭력 사건) "무슨 일이 일어난 거죠?"**

- 어떤 장소에서 심각한 사건이 일어났어. 상황은 이제 다 끝났으니 안심해도 돼.

- 경찰관과 소방관, 의사들이 상황을 아주 잘 대처하고 있단다. 다친 사람들도 잘 보살피고 있어. 모두 다 괜찮아질 거야.

**"우리는 괜찮은 건가요? 무서워요."**

- 우리 모두는 안전해.

- 지금 일어난 사건을 생각하면 정말 마음이 아프구나. 네가 무서워하고 불안해하는 것도 당연해. 그래도 다친 사람을 돌보는 사람들(소방관, 의사 등) 모두가 최선을 다해 돕고 있어. 우리는 우리대로 할 수 있는 일을 해야 해.

- 삶은 계속된단다. 그러니 이전처럼 놀고, 친구들과 시간을 보내고, 공부를 하고, …를 하렴.

- 이런 일이 네게도 일어날 수 있느냐고 물었지? 그런 일이

일어날 확률은 육천만 분의 일이야. 그러니 걱정할 필요 없어.

“왜 어떤 사람들은 폭력을 사용하나요?”

- 언어폭력이든 신체폭력이든, 모든 폭력은 언제나 누군가를 다치게 해.

- 마음속에 증오가 자리 잡으면, 사람은 가능한 한 상대방을 가장 고통스럽게 만들고 싶어 해. 그리고 온 힘을 다해 상대방을 공격하지. 공격을 당한 사람은 때때로 복수하기를 원하고 이번에는 자기가 폭력을 쓰는 거야. 하지만 계속해서 폭행을 당해야 마땅한 사람은 아무도 없어. 우리가 용기를 낸다면 계속 반복되는 폭력의 굴레를 깨뜨릴 수 있단다. 자신의 힘을 평화를 이루는 데 사용하려고 용기를 내는 거야.

(아이가 아무 말도 하지 않을 때)

- 왜 아무 말도 하지 않고 있니? 마음에 어떤 변화가 있어? 무슨 생각을 하고 있니?

조심하기

- 사건이 일어나는 순간에 우리가 먼저 이성을 잃는 것.
- 끔찍한 장면을 아이에게 세세하게 얘기하는 것.
- 아이가 먼저 사건에 대한 이야기를 꺼낼 때까지 기다리는 것.
- 그 얘기를 계속해서 되풀이하는 것.
- 불필요한 경고를 끊임없이 반복하는 것.

# 4

# 가까운 사람의 고통을 마주한 아이에게

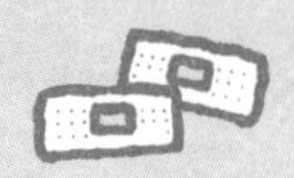

우리는 모두 살면서 여러 가지 시련을 겪습니다. 이런 시련들은 어떻게 견뎌내고 어떻게 받아들이느냐에 따라 우리를 파괴할 수도 있고 단단하게 만들 수도 있습니다. 아이 주변에서 고통스럽고 힘든 일이 생겼다면, 비록 그 일이 아이와는 직접적인 연관이 없다 하더라도 아이를 혼자 내버려두어서는 안 됩니다. 아이는 상황을 이해하기 어렵고 그 속에서 정상적으로 살아가기 힘듭니다. 따라서 특별히 아이에게 더 관심을 기울이고 상황에 관해 설명해 주고 같이 대화를 나누어야 합니다.

진정으로 같이 아파하며 연민과 공감에서 우러나오는 위로의 말을 통해, 우리는 아이와 함께 고통을 이겨나갈 수 있으며, 아이가 성인이 된 후에도 한결 수월하게 여러 장애를 극복할 수 있도록 준비시킬 수 있습니다.

# 가족이 병에 걸려서 너무 슬퍼요

## 가족의 질병에 영향을 받는 아이와 함께해주세요

오랜 치료를 필요로 하는 심각한 질병과 죽음으로 이끌 수도 있는 질병을 구분하는 것이 중요합니다. 만일 아이와 가까운 사람이 병에 걸렸다면, 간결하고도 구체적인 말로 아이에게 진실을 이야기해주세요. 아이가 슬픔과 분노, 저항 등의 감정을 말로 표현하도록 돕고, 귀 기울여 아이의 말을 듣습니다.

기억하기

- 아이에게 가족이 병에 걸렸다는 사실과 회복하기 위해 어떤 치료를 받게 되는지, 앞으로 가족의 삶이 어떻게 바뀌게 될지에 대해, 있는 그대로의 사실을 차분하게 이야기해주세요.

- 부모 중 한 명이 입원하면 아이의 삶은 혼란스러워집니다. 따라서 아이를 잘 돌봐야 하며, 직접 돌보는 게 여의치 않으면 아이를 보살펴줄 사람을 구해야 합니다. 사람을 구할 땐 되도록 따뜻하고 긍정적이며 아이의 이야기를 잘 들어주는 사람을 찾습니다.

- 시시때때로 병의 진행 상황을 아이에게 알려주고, 아이가 질문할 때 사실대로 말해주세요. 현실주의자이자 낙관주의자가 되는 게 좋습니다.

- 가족이 장기간 아프거나 심각한 질병에 걸리면, 우리 마음속에선 슬픔, 분노, 울분 같은 여러 감정이 자연스럽게 솟구칩니다. 이런 감정과 기분을 억누르지만 말고 표현하세요. 그리고 아이도 자신의 감정을 표현하도록 도와

주세요. 아이의 고통을 따뜻한 마음으로 공감하며 들어줘야 합니다.

- 아이에게 말하기 전에 품에 꽉 끌어안고 아이의 격한 반응을 받아주세요.
- 필요하다면 아이에게 이런 시련이 닥친 것은 아이의 잘못이 전혀 아니며, 책임도 없고, 죄책감을 가질 필요가 없다고 말해주세요.
- 병에 걸린 가족이 조만간 죽음을 피할 수 없을 때, 아이의 나이와 감수성에 따라 최대한 부드럽고 차분하게, 너무 빠르지도 너무 늦지도 않게 미리 알려주세요.

대화하기

(가족의 질병에 대해 말하려면)

- ○○가 많이 아파. 아픈 사람에게나 그를 사랑하는 우리 모두에게 아주 힘든 시간이 될 거야. 하지만 가능한 한 빨리 건강을 되찾기 위해 우리는 모든 걸 해야 해. 우리가 할 수 있는 건, 사랑을 전하는 거야. 전화하거나 방문

해서 사랑한다고 말하고 보살펴주어야 해. 가능하면 작은 선물을 해주는 것도 좋겠지.

(자신의 고통을 표현하도록 도우려면)

- 많이 슬프지? 울고 싶은 마음인 것 알아. 충격받은 것 같구나. 그런 마음이니?

- ○○의 병은 그에게도 우리에게도 모두 힘들어. 네가 조금 걱정하는 게 느껴지는구나. 하지만 나는 불안하지 않아. 너도 불안해하지 않아도 돼. ○○가 병에 걸렸다는 건 사실이지만 우리 생활이 변하는 건 누구에게도 좋은 일이 아니지. 화가 나고, 슬픈 건 당연한 거야. 하지만 삶은 계속된단다. 가능한 한 잘 살도록 노력해보자. 담담한 마음으로 지낼 수 있도록 노력해보렴.

- ○○의 병은 그에게도 우리에게도 모두 힘들어. 네가 몹시 걱정하는 게 느껴지는구나. 널 이해해. 나 역시 그래. 그래도 난 너보다는 덜하단다. 왜냐하면 의사 선생님이 심각한 병이지만 회복할 수 있다고 말씀하셨거든. 그러니 비록 요즘 우리 생활이 예전과는 같지 않지만, 삶은 계속되니까 우리 모두 용기와 확신을 가져보자.

- 조금만 참자! ○○가 회복하면 우리 모두 아주 행복해질 거야. 우리 생활도 예전처럼 돌아갈 수 있단다.

(죽음을 피할 수 없을 때 아이를 준비시키려면)

- ○○는 아주 많이 아파. 의사 선생님이 회복할 수 없다고 말씀하시더구나. 너처럼 우리도 정말 슬퍼. 너무 충격적이라 어떻게 해야 할지 모르겠어. 하루빨리 회복하기를 그렇게도 바랐는데…. 그렇게 일찍 우리를 떠난다니 정말 이해할 수가 없어. 말도 안 되는 일이 벌어졌는데, 우리가 할 수 있는 게 전혀 없어.

- 이렇게 안 좋은 일이 닥치면 눈물이 나는 게 당연해. 슬프다는 표시니까. 그냥 실컷 울어도 돼. 그건 당연한 거고 그러는 편이 나아.

- ○○는 이 세상에 있는 마지막 날까지 많은 사랑과 애정을 받아야 해. 가능한 한 우리의 사랑을 더 많이 보여주자. 우리 모두를 떠나는 건 그에게도 몹시 힘든 일이야.

## 조심하기

- 시한부 병에 걸린 환자의 심각한 상태를 끝까지 숨기는 것.
- 시한부 병에 대해 너무 일찍 얘기하는 것.
- 아이 앞에서 눈물을 너무 많이 참거나 너무 많이 우는 것. 냉담해 보이거나 비탄에 빠진 사람처럼 보이는 것.

## 제안

- 아무 표현도 하지 않는 아이에게 더욱 세심하게 주의를 기울입니다. 그건 아이가 불행에 무관심하다는 것을 의미하지 않습니다. 겉으로는 냉담해 보이는 아이의 감정을 돌보기 위해 필요하다면 전문 상담가를 찾아가 도움을 청해보세요.

# 할아버지가 돌아가셔서 너무 슬퍼요

아이가 겪는 슬픔의 여정 속에서
좌선을 다해 아이와 동행해주세요

가족이나 가까운 사람의 죽음은 어떤 경우라도 비극일 수밖에 없습니다. 사랑하는 사람이 죽으면 다시 살아갈 의지를 찾기까지 고통스러운 과정을 오래도록 겪게 됩니다. 만일 그 사람이 자살로 생을 마감했다면, 남은 사람이 절망에서 벗어나기란 훨씬 어렵죠. 사랑하는 사람이 죽었을 때 치르는 장례식은 그 상황을 현실로 인식하게 해주는 첫 단계이며, 몹시 고통스럽지만 꼭 거쳐야 하는 일입니다. 죽음에 이르게 된 이유와 상황에 따라, 그리고 자녀의 감수성에 따라, 힘들더라도 최선을 다해 현실에 적응하는 건 부모가 해야 할 일입니다.

- 최대한 부드럽게 애정을 가지고 아이를 보살핍니다. 아이는 우리 품속에서 우리가 전해주는 사랑의 힘과 안전함을 느껴야 합니다.

- 우리의 감정을 아이와 함께 나누고, 슬픔, 분노, 반항, 분개, 두려움 등과 같이 아이가 말이나 글로 표현하는 감정에 유념합니다.

- 아이가 수많은 질문을 하더라도 가능한 한 성심껏 대답해주세요.

- 형제나 자매가 죽었을 경우, 부모는 이 죽음으로 인해 크나큰 상처를 입을 수밖에 없지만 그럼에도 불구하고 다른 자녀들의 말에 계속해서 귀를 기울여야만 합니다. 특히 그들이 자신의 고통을 전혀 내비치지 않는다면 더욱더 그렇게 해야 합니다.

- 자살의 경우, 진실을 말하기란 어려운 일이지만 그래도 진실을 말해야 합니다. 다만 상세한 내용은 말하지 않습니다. 고인은 아마도 사는 게 너무나 고통스러워서 자

신이 어떤 일을 벌이는지도 몰랐을 것이라고 설명해주세요.

- 아이에게 장례식의 중요성을 알게 합니다. 장례식은 상을 당한 사람들의 슬픔을 따뜻하게 위로하기 위해 모이는 자리입니다. 또한 고인이 된 사람과 예전에 함께 지냈던 일들을 추억할 수 있게 해주고, 신자들에겐 고인을 위해 기도할 기회가 됩니다.

- 때때로 고인의 묘지에 가서 고인을 추모합니다.

대화하기

(아이가 자신의 감정을 표현하는지 관찰하려면)

- 무척 슬퍼 보이는구나. / 화가 많이 난 것 같아. / 속이 많이 상했지? 등. 그런 마음이 드니? 널 이해해. 나도 그러니까. 네가 느끼는 걸 마음껏 표현해도 돼.

- 할아버지(할머니)가 돌아가셔서 우리는 정말 슬퍼. 울고 싶은 마음이 드는 건 당연한 거야. 나도 그렇거든. 우는 건 부끄러운 일이 아니야.

- 이제는 할아버지(할머니)의 사랑을 더는 느낄 수 없지만 다른 방식으로 우리를 여전히 사랑하실 거야. 넌 계속해서 할아버지(할머니)를 사랑할 수 있고, 마음속으로 말할 수도 있어. 그게 바로 마음의 대화란다.

(엄마나 아빠를 잃은 아이를 위로하려면)

- 네 엄마(아빠)가 돌아가셔서 우리도 정말 슬퍼. 감당하기 힘들 정도로 고통스럽단다. 왜 먼저 데려갔는지 이해할 수가 없어. 누구도 네 엄마(아빠)를 대신할 수 없을 거야.

- 우리는 너를 위해 슬픔을 감출 수 없어. 네가 슬픈 만큼 우리도 너무나 슬프단다. 엄마(아빠) 없이 자라는 건 정말 힘든 일이지만 그래도 넌 씩씩하게 자랄 수 있어.

- 너는 아마 사는 게 아무 의미 없다고 생각할지도 몰라. 더는 어른이 되고 싶지 않다는 생각도 들 수 있고, 엄청난 분노를 느낄 수도 있어. 이해해. 하지만 엄마(아빠)가 안 계시더라도 넌 엄마(아빠)에게서 받은 삶을 아름답게 만들 수 있어! 넌 계속 커가면서 엄마(아빠)가 네게 선사한 삶을 영예롭게 만들게 될 거야. 그렇게 씩씩하게 자라면 돌아가신 엄마(아빠)를 빛나게 해주는 존재가 될 거란다.

(자살에 대해 말하려면)

- 우리는 살아가면서 때로는 이해할 수 없는 일들을 겪게 된단다. 누군가가 죽었을 때, 우리의 슬픔은 이루 말할 수 없어. 더군다나 그 사람이 자살로 생을 마감했다면 우리는 감당할 수 없는 충격과 마주하게 돼. 네가 아는 ○○가 자살했어. 누구도 그런 행동을 이해할 수 없어. 우리는 모두 살기 위해 태어났고, 우리에게 주어진 삶은 아주 소중한 선물이거든. 비록 살면서 견딜 수 없을 정도로 몹시 힘든 순간들도 찾아오지만, 그래도 우리 스스로 삶을 포기해서는 안 돼. 이런 사람들은 거의 언제나 자신의 고통이 너무나 커서 자기가 무슨 일을 저지르는지 깨닫지도 못한 채 삶을 마감해.

(장례식에 대해 말하려면)

- 장례식은 고인에 대한 사랑을 보여주는 의식이야. 이곳에 오는 사람들은 각자 자신과 함께했던 고인의 모습을 추억하고, 고인이 좋은 곳으로 가기를 기도하며 꽃 한 송이와 함께 떠나보낸단다.

## 조심하기

- 가족이 자살로 생을 마감했을 때, 진실을 감추거나 왜곡하는 것. 아이의 무의식은 내면에 비밀스럽게 새겨진 진실에 매우 민감하게 반응합니다. 비록 유산이나 임신중절의 경우에는 진실을 말하지 않는 게 권장되지만, 대부분의 경우 진실을 감추는 것은 문제를 야기할 수 있습니다.
- 가능한 한 많이 죽이는 게 목적인 비디오게임을 하고, '현실감을 잃게 하는 평범성'[10]처럼 살인과 죽음이 난무하는 폭력적인 영화들을 보는 것.
- 고인의 사진을 여기저기 너무 많이 걸어두거나 전혀 놔두지 않는 것.
- 고인에 대해 더는 전혀 말하지 않거나 항상 얘기하는 것.

## 제안

- 기념일이나 생일을 맞아, 고인과 함께했던 행복한 순간들을 추억합니다.

# 아빠가 회사를 그만 다니게 되었다고요?

## 아이가 실직한 사람에 대해 적합한 시각을 가지도록 도와주세요

만일 가족이 실직했다면 아이와 함께 이야기하는 것이 중요합니다. 실직은 일자리를 찾는 사람뿐만 아니라 온 가족을 불안하게 만들죠. 아이가 부모의 실직으로 인한 부정적인 영향을 덜 받게 하려면, 실직 사실을 알리는 방식에 주의해야 하고 질문에 차분히 대답해주며 아이를 안심시켜야 합니다. 그리고 어려운 시기가 계속되는 동안 아이의 이야기에 귀를 기울여주세요.

## 기억하기

- 아빠(엄마)의 직업 상황이 바뀜에 따라 생활이 일시적으로 변했으며, 가족 모두 이 상황을 준비해야 한다고 아이에게 차분하게 미리 알려주세요. 실직이 무엇인지와 그 이유를 설명해주세요.
- 부모가 직장을 잃게 되면 식구들 모두 어려운 시기를 불확실하고 막연한 기다림으로 지내게 됩니다. 아이도 불안하긴 마찬가지죠. 아이를 안심시켜서 가능한 한 평온한 마음으로 이 시기를 보낼 수 있도록 합니다.
- 실직이라는 시련 앞에서 가족의 지지와 응원은 큰 힘이 됩니다. 아이도 이런 문제를 이해하고, 관심을 가지도록 조심스럽게 이야기해보세요. 실직한 사람에 대해 말할 때는 그들에 대한 존중을 잊지 말아야 합니다.
- 아이가 성장하면서 건설적이고 객관적인 시각을 가지고 직업의 세계를 바라보게 하려면, 직장생활에 대해 긍정적이고 올바른 방식으로 이야기하는 것이 중요합니다.

**"아빠가 회사를 그만 다니게 되었다고요?"**

- 당분간 우리 가족은 이전과는 다르게 생활하게 될 거야. 일상생활에도 변화가 생길 수밖에 없어. 특히 아빠(엄마)한테는 더 그렇단다. 앞으로 직장을 바꿀 거거든. 새로운 일자리를 찾는 건 직장에 다니는 것과는 다른 일이어서 지금까지와는 다른 방식으로 일해야 해. 이렇게 직장을 구하는 기간을 실업이라고 한단다.

- 일자리를 잃은 건 부끄러운 일이 전혀 아니야. 그 사람 잘못이 아니거든. 일을 잘하지 못했다는 뜻도 아니고. 하지만 회사에서 아빠(엄마)가 하는 일을 더는 필요로 하지 않아. 그래서 이런저런 이유로 직업을 바꾸기로 했어. 아빠(엄마)는 지금껏 해왔던 일을 아주 잘 알아. 그래서 아빠(엄마)를 필요로 하는 다른 직장을 찾을 거고, 그곳에서 즐겁게 일하게 될 거야.

- 실업자가 된다고 일을 그만두는 건 아니야! 새로운 일자리를 찾기 위해선 오히려 더 큰 노력과 시간이 필요해. 그동안 아빠(엄마)는 생활에 필요한 돈을 어느 정도는 계

속 받을 수 있어. 하지만 평소보다 적은 돈이라 많이 아껴 써야 해. 그래도 걱정하지 마. 그런다고 삶이 멈추는 건 아니니까! 생활비 걱정은 하지 않아도 돼. 그런 건 우리가 알아서 할 테니까. 그리고 아빠(엄마)는 새로운 일자리를 곧 찾을 거야.

**"아빠(엄마)가 너무 힘들어 보여요."**

- 아빠(엄마)가 새로운 일자리를 찾으려고 얼마나 노력하는지 너도 잘 알 거야. 그런데 부정적인 답변이 올 때마다 많이 속상해하셔. 아빠(엄마)가 평상시처럼 좋은 기분이 아니더라도 인내하고 너그럽게 대해드리자. 친절한 말로 응원하고, 사랑한다고 얘기해주면 힘이 날 거야.

- 직장을 잃은 사람은 힘든 시간을 보내. 왜냐하면 자기에게 중요한 무언가가 사라졌거든. 사람들은 단지 돈만 벌려고 일하는 건 아니야. 일함으로써 다른 사람에게 도움이 되고 사회에 기여한다는 자부심도 느끼게 돼. 그래서 일자리를 잃으면 자기를 필요로 하는 사람이 없다는 생각이 들게 되어 더 힘들어지는 거야.

### 조심하기

- 자기가 다니던 직장을 지속해서 깎아내리고 비난하는 것. 이런 이야기를 계속 듣는 아이는 직장이란 힘들고 고통스러운 곳이라고 믿게 됩니다.
- 실직과 그 결과에 대해서만 주야장천 이야기하면서 집안 분위기를 무겁게 만드는 것.

### 제안

- 시시때때로 잠깐이라도 가족들과 즐겁게 보낼 수 있는 시간을 만들어보세요.

# 나도 누군가를 도울 수 있을까요?

## 아이가 약자를 위해
## 가슴과 머리로 행동하도록 가르쳐주세요

사람들은 약한 물건을 다룰 때, 본능적으로 주의를 더 기울이고 망가지지 않도록 조심합니다. 약자인 노인과 장애인을 대할 때도 그래야 합니다. 아이들은 자신과 다른 모습에 선뜻 다가가기 힘들어 할 때도 있습니다. 그러나 아이들은 이들의 내면에 감춰진 아름다운 품성을 발견할 수 있으며, 그들 덕분에 마음이 더욱 풍요로워지는 경험도 할 수 있습니다. 그들을 향해 손을 내밀 때 우리 모두 한층 더 성장할 기회를 얻습니다.

- 우리가 먼저 본을 보이고, 온 가족이 다른 이의 도움이 필요한 노인이나 장애인과 함께하는 시간을 갖습니다. 아이들을 데리고 그들을 방문해보세요.

- 다른 사람을 만나러 가기 전에 아이에게 마음의 준비를 하게 합니다. 아이는 고령의 노인이나 중증장애인 혹은 여러 장애를 가진 사람을 보고 놀랄 수 있습니다. 아이에게 그들을 보고 예의에 어긋난 행동을 해서는 안 된다고 미리 알려주세요. 이런 지침은 아이 본인과 아이가 만나게 될 사람 모두를 위해 중요합니다.

- 아이에게 노인들을 만나면 질문을 하라고 격려해보세요. 노인들은 옛날 기억을 함께 나눌 때 더 행복한 시간을 보낼 수 있습니다.

- 나이가 들면 했던 말을 반복하는 경우가 많고, 신체의 움직임이 확연히 느려집니다. 아이에게 노인의 이러한 특성을 알려주고, 이들을 이해하도록 가르쳐주세요. 아이의 동정심을 끌어내려고 하지 말고, 마음에 와닿는 말로

설명해주세요.

- 아이에게 아이 선에서 할 수 있는 봉사를 제안해보세요. 예를 들면, 신문을 읽어주거나 물건을 찾아주고, 창문을 닫아주는 일 등이 있습니다.
- 노인이나 환자 등은 안부 전화 한 통이나 편지 한 장, 방문 한 번으로도 행복해질 수 있습니다. 아이에게 이들이 느낄 기쁨을 얘기하면서 봉사하고 싶은 마음이 생기도록 유도해보세요. 약자들의 삶은 사랑으로 그들을 위해 손을 내밀 때 더 나아질 수 있습니다.
- 건강한 사람들이 대부분인 모임에 장애인, 노인, 아픈 사람이 함께하고 있다면, 그들에게 특별히 관심을 기울입니다.

대화하기

---

(다른 사람을 만나기 전에 마음의 준비를 하게 하려면)

- 너도 ○씨에 대해서 들어봤지? 우린 그를 만나러 갈 거야. 미리 말해두는 게 좋을 것 같아서 하는 말인데, ○

씨를 만나면 그의 얼굴(태도/말투) 때문에 네가 놀랄 수도 있어. 어쩌면 그를 보고 무서워하거나 가까이 다가가서 인사하고 싶지 않을 수 있고, 빨리 그 자리를 피하고 싶다는 생각이 들 수도 있을 거야. 설령 네가 그런다 해도 난 충분히 이해해. 하지만 그도 우리와 똑같은 사람이야. 비록 생긴 모습은 우리와 아주 다르더라도 너한테 해를 끼치는 사람이 아니란다. 그러니 만나면 친절하게 인사해서 기분 좋게 해드리면 좋겠다. 그 사람도 너와 똑같은 마음을 가지고 있어서 사랑을 필요로 하거든.

- 모든 사람은 사랑과 존중을 받아야 할 필요가 있어. 장애가 있더라도 당연히 마찬가지야. 그래서 누군가가 "사랑해요"라거나 "당신을 믿어요"라고 말해주길 원한단다.

- 오늘 너를 만나서 ○는 정말 기쁠 거야. 자기를 생각해주고, 사랑해주는 사람이 있다는 걸 알면 누구든 행복해지거든.

### 조심하기

• 장애인이나 노인 등 사회적 약자를 무시하는 행동을 하

고, 혐오의 시선으로 쳐다보거나 외면하는 것.

- 비하의 뜻이 담긴 언어를 사용하는 것.
- 몸이 불편해서 다른 사람과의 접촉을 싫어할 수도 있는 사람의 상황은 고려하지 않고, 안아주며 인사하라고 아이에게 강요하는 것.

### 제안

- 장애인을 위해 봉사활동을 하자고 제안할 때, 결정은 아이에게 맡깁니다. 선택의 자유 없이 의무적으로 하는 봉사에는 사랑이 머무를 자리가 없습니다.

# 친구 부모님이 이혼하셨대요

아이가 여러 형태의 가정을
편견 없이 받아들일 수 있도록 해주세요

모든 가족은 똑같은 형태로 이루어지지 않으며, 아이들은 이런 현실을 보여주는 증인입니다. 별거, 이혼, 재혼, 동성 부모 등으로 이루어진 가정에서 자라는 아이들은 어려움을 겪는 경우가 많고, 때로는 자신의 상황을 이해하기 힘들어하거나 고통스러워합니다. 부모는 이런 가정들에 대해 설명해주어야 합니다.

## 기억하기

- 아이는 부모가 되었을 때 유년기와 청소년기에 받았던 정서교육과 성교육을 자신의 자녀에게 대물림해주는 경우가 많다는 사실을 기억하세요. 훗날 아이가 성인이 되어 자녀를 교육할 때, 심사숙고하여 교육법을 선택할 수 있도록 탄탄한 기초를 쌓아주는 것이 중요합니다.

- 가족 구성이 우리 집과 다른 집이 있다는 걸 아이가 알게 되어 그에 대해 질문을 던지면, 그 사람들을 판단하거나 비난하지 말고 있는 사실 그대로 대답해줍니다. 만일 아이가 이런 주제에 대해 말하는 일이 없다면, 먼저 얘기를 꺼내고 같이 생각하는 시간을 갖는 것도 좋습니다.

- 아이에게 우리와 다른 형태의 가족을 지닌 친구가 있다면, 그 친구가 지니고 있을 수 있는 고통에 주의를 기울이라고 말해주세요. 이런 가정의 자녀들은 자신의 고통을 숨기는 경향이 있습니다.

- 부모가 이혼 절차를 진행 중이거나 이미 이혼한 가정의 아이는 이 사태의 원인이 자기 때문이라고 생각하고 죄

책감을 느끼기도 합니다. 무엇보다 중요한 것은 아이의 죄책감을 완전히 없애주는 것입니다. 이혼에 이르게 된 상황은 매우 다양하지만, 어떤 경우든 아이가 부모 모두를 계속해서 사랑하도록 이끌어주어야 합니다.

- 다른 가족의 상황이 어떠하든지 간에 그들에 대한 험담과 비웃음과 교만한 태도를 삼갑니다. 그리고 부부 간에 갈등이 있거나 이혼을 하는 경우 배우자에게 잘못을 떠넘기지 마세요.

대화하기

**"친구 부모님이 이혼하셨대요."**

– 친구의 마음을 잘 살펴주는 게 어떻겠니? 그 아인 아마 무척 힘들 거야. 부모가 더는 서로 사랑하지 않고 화해하지 않는 모습을 보면 얼마나 고통스럽겠니. 친구의 엄마 아빠는 이젠 각자 따로 사는 상태에서 아이를 사랑하는 거야. 그래서 친구는 어떤 때는 엄마와 살고, 어떤 때는 아빠와 살 수도 있고, 사는 동네나 집도 바뀔 수 있어. 그럴 땐 곁에 있는 친구가 큰 힘이 될 수 있단다.

"엄마 아빠는 이제 같이 살지 않나요?"

- 그래, 하지만 그건 네 잘못이 아니야. 그리고 우리는 전과 똑같이 너를 사랑한단다. 너도 그래 준다면 좋겠다.

"동성인 부모를 가진 친구도 있어요?"

- 이성에겐 관심이 없고 동성에게만 마음이 끌리는 사람들이 있어. 그래서 여자 둘이 함께 살거나 남자 둘이 함께 살기도 해. 그건 그 사람들의 선택이야. 너는 네 친구의 가족을 절대적으로 존중해야만 해.

### 조심하기

- 부부 간의 문제를 자녀에게 세세하게 얘기하는 것.
- 우리와 다른 방식으로 사는 사람들을 비방하는 것.
- 자신의 전 배우자 혹은 누군가의 전 배우자에 대해 말할 때, 비록 그 사람이 나쁜 행동을 했다 하더라도 인간적인 존중은 전혀 없이 함부로 얘기하는 것.

# 5

# 자기 자신을 발견하고 있는 아이에게

아이에게 사랑을 주고 본을 보이면 아이가 성장하는 데 도움이 됩니다. 물론 우리는 완벽하지 않으며 우리 역시 계속해서 성장의 길을 걷는 중이지요. 하지만 우리는 살아오는 동안 이미 많은 경험을 했고, 수많은 어려움도 이겨냈습니다. 우리는 우리를 믿고 따라오도록 자녀를 훈육할 수 있으며, 아이가 스스로 앞으로 나아갈 수 있을 때까지 인도할 자격이 있습니다.

아이가 다른 이의 시선과 상관없이 자신의 선택과 취향과 열망과 개성을 책임지도록 도와주세요. 비록 우리가 바랐던 방향이 아닐지라도 아이가 자기 자신을 형성해가는 과정을 믿고 바라보세요. 아이의 재능을 알고 발전하게 도와주는 것은 아이가 스스로에 대한 확신을 더욱더 강하게 가질 수 있게 해주며, 자신만의 개성을 지닌 존재로 성장해가는 데 참여하는 일이 될 것입니다.

# 내가 뭘 잘하는지 모르겠어요

## 자기 확신과 자존감을 높일 수 있도록 이끌어주세요

우리는 모두 저마다 강점과 재능을 가지고 있습니다. 그것을 다양한 방법으로 개발하려고 노력하지요. 그리고 약점은 인정하고, 성장을 방해하는 요소들을 줄여나갑니다. 이렇게 우리 자신을 알면 아이가 자신의 강점과 약점, 취향, 열망 등을 깨달을 수 있도록 돕는 일도 수월해집니다. 아이의 이런 특성들을 파악해 아이가 지닌 가장 좋은 점들을 개발하도록 도울 수 있습니다. 하지만 우리에게는 넘어서야 할 또 하나의 도전이 있습니다. 그건 바로 아이들이 언제나 우리와 닮은꼴은 아니라는 사실입니다. 심지어 전혀 닮지 않았을 수도 있습니다. 우리는 아이가 우리와는 완전히 다르게 행동하는데도, 아이에게 자신의 모습을 투사하고 좋다고 믿는 것을 시키려는 경향이 있습니다. 그래서 어떤 부모는 아이가 유치원에 다닐 때부터 미래의 학습을 걱정하며 아이 교육에 몰두하기도 합니다.

기억하기

- 아이의 강점과 취향, 아이가 자주 얘기하는 주요 관심사에 대해 주의를 기울여주세요. 아이가 자기 자신을 알도록 돕는 것은 자신이 좋아하고 관심가는 일, 그리고 가슴 뛰는 일을 선택하여 더욱 깊이 파고들 수 있도록 해주기 위해 필요한 일입니다.

- 아이가 호기심을 키워가면서 자신이 좋아하는 것을 넘어 더 다양한 분야로 관심과 시각을 넓혀가도록 도와주세요.

- 아이에게 좋아하는 활동을 할 수 있는 기회를 주세요. 만일 아이가 생각하는 계획이 있다면 그 계획에 대해 함께 이야기하고, 이를 이룰 수 있도록 도와줍니다. 아이가 자신이 직접 선택한 활동을 할 때, 아이를 지지하고 격려합니다. 여기에는 다른 사람들이 이해하지 못하거나 비웃을 수도 있는 활동도 포함됩니다. 우리가 전폭적으로 믿어줄 때 아이는 자신만의 개성을 받아들이고 발전시켜나갈 수 있습니다. 어떤 활동을 시작하면 정해놓은 기간이 끝날 때까지는 계속하도록 격려해주세요.

(관심 분야와 시각을 넓히도록 도우려면)

- 넌 어쩌면 이렇게도 마음 씀씀이가 훌륭하니! 너의 넓은 마음 덕분에 다른 사람도, 너도 모두 행복해질 거야.

- 네가 사람들에게 친절하고 상냥하게 행동하는 걸 보니 정말 흐뭇하다. 그건 정말 기분 좋은 일이거든.

- 굉장하네! 넌 …를 하는 걸 정말 좋아하는 것 같아.

- 넌 친구들과 축구하는 걸 정말 좋아하는구나. 네가 좋아하는 걸 보니 내 기분도 덩달아 좋아지는걸. 게다가 실력도 많이 늘었어. 진짜 대견하다. 내가 볼 땐 넌 정말 재능이 있어! 이참에 축구교실에 들어가서 정식으로 해보는 건 어때?

- 내가 보기엔 넌 이 활동을 별로 좋아하지 않는 것 같아. 정말 그러니?

- 너하고 콘서트나 전시회에 같이 가고 싶은데, 넌 그중에서 뭐가 더 좋니? 보러 가고 싶은 마음이 별로 없는 것 같

구나. 그래도 가면 재미있을 거야. 정말이야. 하지만 네가 정 가기 싫다면 안 가도 돼. 네가 좀 더 커서 가고 싶은 마음이 들 때까지 기다릴게.

- 지금껏 해보지 못했던 놀랄 만한 경험을 직접 해보렴!

(좋아하는 활동을 직접 해볼 기회를 주려면)

- 네가 좋아할 것 같아서 이 책을 샀어. 너같이 뭐든지 만들기 좋아하는 꼬마 재주꾼들에게 다양한 방법과 팁을 알려주는 책이야.

- 이건 최근에 발견된 이집트 석관에 관해서 쓴 기사란다. 네가 고고학을 워낙 좋아하니 이 기사에도 관심이 있을 것 같아서 프린트했어.

- 내가 보기엔 넌 동물을 무척 좋아하는 것 같아. 개를 돌봐주는 일을 해보지 않을래?

- 이런 문제를 함께 생각해보고, 그것과 관련된 활동을 네가 직접 해보면 어떻겠니?

(아이의 활동을 지지하려면)

- 보통, 바느질은 여자애들이 더 많이 하긴 해. 남자애가 하는 경우는 드물지. 그래서 네가 바느질하는 걸 이해하지 못하는 사람도 있을 수 있어. 하지만 바느질하는 게 좋다면, 누가 널 놀리든 말든 넌 네가 하고 싶은 걸 계속 하면 돼. 네가 좋아하는 일을 다른 사람들 때문에 그만둬야 할 이유가 전혀 없어. 네가 가진 재능을 마음껏 펼치고 실력이 쑥쑥 커지게 노력해보렴.

- 네가 해보고 싶다고 해서 시작한 건데, 지금은 별로 끌리지 않는다는 건 잘 알겠어. 하지만 수업은 3개월(1년) 동안 하게 돼 있어. 시작한 건 끝까지 해보는 게 좋아. 이 활동이 너한테 정말 맞지 않는다면 내년에 다른 걸 해보자.

- 네가 바이올린을 좋아하고, 연습도 잘하고 있다는 걸 알아. 그런데 네가 바이올린을 그만 배우겠다고 하는 건 이론 수업을 따라가기 힘들어서 그런 거 아니니? 달리 말하면, 넌 이론 수업이 싫다고 네가 좋아하는 바이올린도 그만두려고 하는 거야. 그게 과연 좋은 선택일까?

조심하기

- 자유 시간도 없이 과외 활동을 너무 많이 시키는 것.
- 아이의 의사를 묻지 않고 부모 마음대로 과외 활동을 선택하는 것.

제안

- 잠자리에 드는 시간이 되면, 아이가 그날 하루 동안 했던 말과 행동 중에서 아이의 품성이나 재능을 보여주거나, 감동을 주었던 것들을 하나씩 되짚어 들려주세요.

## 꼭 해보고 싶은 게 있어요

선택을 할 때는 결과를
생각해보는 습관을 들이게 해주세요

인간에게 주어진 고유한 특성 중에는 선택하는 능력이 있습니다. 우리는 무언가를 선택할 때 두뇌를 활용해 상황을 분석하며, 기분 좋고 수월하며 이득이 있는 것(그래서 매력적인 것)과 선하고 진실하며 옳고 합리적인 것(그래서 최상의 선택일 수 있는 것)을 구분합니다. 우리는 이 두 선택지 사이에서 고민을 거듭하는 경우가 자주 있습니다.

욕망이 지닌 힘은 그 자체로는 좋은 것도 나쁜 것도 아니지만, 우리는 스스로 의지와 지성을 통해 욕망이 선과 아름다움과 진실의 편에서 쓰일 수 있도록 해야 합니다.

## 기억하기

- 아이가 욕망과 선택에 대해 이해할 수 있도록 함께 대화를 나누는 시간을 갖습니다.

- 우선 아이가 왜 그런 욕구를 가지게 됐는지 점검합니다. 취향 때문에? 개인적 흥미로? 다른 사람처럼 하고 싶어서? 다른 사람 눈에 가치 있는 사람으로 보이고 싶어서? 다음으로, 아이가 원하는 바가 아이의 의식이나 이성이 요구하는 것에 부합하는지 함께 생각해보세요. 이야기를 나누었다면, 이제 아이에게 선택권을 줄 시간입니다. 아이는 자유로운 존재이므로 스스로 선택할 수 있습니다.

- 자신이 인식하는 바에 따라 행동하면 오래도록 행복을 누릴 수 있지만, 그것과 어긋날 때는 순간적인 쾌락만 얻을 수 있고 마음에 불편한 감정이 생긴다는 사실을 경험하게 해주세요.

- 모든 욕구를 다 채울 수 없다는 것을 이해하고 받아들이도록 가르쳐주세요. 원하는 걸 모두 이루지 못한다 해도 행복해지는 데는 아무 문제없다는 것을요.

- 선택하기 전에 그 결과를 미리 생각해보는 것이 얼마나 중요한지 알려줍니다. 왠지 그러면 좋을 것 같은 '느낌'에 따라서만 행동하기보다는 이성적인 판단을 할 수 있어야 합니다.
- 아이가 어떤 선택을 했을 때, 그 결과가 좋지 않게 나왔더라도 가능하다면 아이가 자신이 선택한 결과를 책임지도록 합니다.
- 어른들 역시 다른 사람들의 시선이나 광고의 유혹에서 벗어나 자유롭게 선택할 수 있다는 것을 아이에게 보여줍니다.

대화하기

---

**"너무 갖고 싶은 게 있어요."**

- 네가 그걸 정말 갖고 싶어 한다는 건 잘 알겠어. 네 맘속에 있는 목소리는 뭐라고 하니? 그게 네게 좋은 거라고 생각해? 갖고 싶은 이유가 네가 그걸 진짜로 좋아해서야, 아니면 다른 아이들처럼 똑같이 가지고 싶어서야? 혹시 자랑하고 싶어서니? 그걸 가지면 너한테 좋은 점은 뭐가

있을까?

- 석 달 전에 말했던 걸 지금도 사달라고 하는 걸 보니 마음이 변치 않았네. 갖고 싶은 마음이 잠깐 들었다 만 게 아니라 정말로 갖고 싶었던 모양이구나. 네 생일 때 선물로 사주도록 할게.

- 네가 요구하는 걸 지금 사주긴 힘들어. 하지만 원하는 걸 당장 가지지 못해도 행복하게 지낼 수 있단다. 지금은 기분이 안 좋을지 몰라도 언젠가 그걸 가지게 될 날이 올 수도 있어. 기다려 보렴.

(아이의 선택에 대해 조언해주려면)

- 네가 선택한 행동을 생각해볼까? 너는 다른 친구들과 인라인스케이트를 타러 가는 대신 공부하는 걸 선택했어. 쉽지 않은 결정을 한 거야! 하지만 넌 옳은 결정을 했다는 생각도 들고, 행복한 마음도 느낄 수 있었지. 행복은 좋은 기억을 남긴단다.

- 네가 이런 선택을 하는 건 그리 좋은 생각이 아닌 것 같아. 만일 네가 이걸 하겠다고 선택하면 아마 재미있는 시간은 보낼 수 있겠지만 행복한 마음은 갖지 못할 거야.

순간의 즐거움은 행복과는 달리 오래 지속되지 않거든.

- 너하고 가장 친한 친구가 반 아이를 놀렸을 때, 네가 그 아이 편을 들어주고 보호해주었다는 말을 듣고 정말 행복했어. 넌 가장 친한 친구를 잃을 위험이 있는데도, 네 친구처럼 그 아이를 놀리는 대신, 네가 옳다고 생각한 일을 선택한 거야.

- 깊이 생각해보고, 너 자신과 다른 사람들에게 도움이 된다고 생각하는 일을 하도록 해.

- 네가 그 모임에 가고 싶어 한다는 건 잘 알겠어. 하지만 월요일에 시험을 보잖아. 그건 생각하고 있니? 심지어 복습도 하지 않았어! 너한테 뭐가 가장 중요하다고 생각하니? 물론 그게 즐겁지 않다는 건 나도 잘 알아.

- 고집부리지 말고 네가 해야 할 일을 시작했으면 해. 내가 너한테 억지로 시키는 게 아니라 너 스스로가 좋은 결정을 내리길 바란다.

- 넌 자유롭게 선택할 권리가 있었는데, 네가 내린 결정은 좋은 쪽이 아니었어. 넌 그 결과를 받아들여야 해. 하지

만 너무 자책할 필요는 없어. 누구나 매번 좋은 결정을 내리는 건 아니니까. 이번 일을 거울삼아 다음번에는 그러지 않도록 하자.

조심하기

- 아이에게 "네가 느끼는 대로 해!"라고 말하는 것. 아이의 감정이 아닌 이성에 호소해야 합니다.

제안

- 엄마나 아빠가 아주 어려운 결정을 어떻게 내렸는지, 그 과정은 어땠는지 아이에게 들려줍니다.

# 게임 그만하기 싫은데요

중독의 위험에 대해 알려주고
자신의 의지와 자유도 키울 수 있게 해주세요

중독은 의존에서 벗어나지 못하는 상태를 말하는데, 무언가에 중독되면 더는 그것을 스스로 끊을 수 없어서 노예나 죄수처럼 살게 됩니다. 게다가 자기도 깨닫지 못하는 사이에 조금씩 중독되어 결국은 자유 의지를 모두 잃는 것으로 끝나고 말죠.

아이들이 저항하기 힘든 매력을 가진 스마트기기는 즐거움의 커다란 원천이지만 새로운 위협을 표출합니다. 바로 중독의 위협입니다. 놀랍게도, 스마트기기에 대한 중독은 아주 낮은 연령의 아이들에게서도 나타나며, 이들은 비디오게임과 음란물에 중독될 위험도 있습니다.

## 기억하기

- 지금이든 나중이든 아이는 중독의 문제에 부닥칠 수 있습니다. 중독의 본질과 결과에 대해 아이와 함께 이야기를 나눠보세요. (49쪽 '스마트폰 보면 왜 안 돼요?' 참고.)
- 원한다고 모든 걸 할 수 없으며, 모든 걸 가질 수 없다는 것을 아이에게 가르치고, 실망하더라도 그 사실을 받아들일 수 있게 꾸준히 교육해주세요. 또한 아이가 스스로 선택할 수 있도록 해주는 자유에 대해서도 알려주세요.

## 대화하기

**"중독이 뭐예요?"**

- 무언가를 스스로 그만두지 못하고 자기도 모르게 거기에 빠져서 계속하게 되는 걸 중독되었다고 해. 어떤 사람들은 담배를 끊지 못하고, 또 어떤 사람들은 술을 끊지 못해. 온라인 게임이나 스마트폰에서 헤어나지 못하는 경우도 있어. 그런 행동을 하면서 쾌감을 느낄 때 뇌에서는 더 놀고 더 마시고 더 하고 싶어지게 만드는 신경물질을

분비해. 그리고 이런 행동을 할수록 이 물질은 점점 더 많이 분비되기 때문에 해야 할 일이 있다는 걸 알면서도 또다시 같은 행동을 반복하게 되는 거야. 그리고 결국은 거기에 노예가 되어 자기가 아무리 결심해도 쾌감을 주는 행동을 스스로 줄이거나 멈추지 못해. 자기한테 몹시 안 좋은 일이라는 걸 알면서도 말이야.

- 그래서 중요한 것은 스스로 절제하는 법을 아는 거야. 그게 아주 힘들더라도 말이지. 술이나 마약이나 인터넷 게임 같은 것에 의존하게 된 사람은 자신이 차츰차츰 중독되어간다는 사실을 깨닫지 못해. 만일 그 사람한테서 자기가 그렇게 좋아하는 것을 없애려고 시도한다면, 어떤 행동을 할지 몰라. 어쩌면 위험한 행동을 할 수도 있고, 극심한 고통에 시달릴 수도 있어. 정말로 끔찍한 일이지. 그런 이유로 우리는 규칙을 정해서 네게 지키라고 경고하는 거고, 잘 지키는지 보는 거야.

**"게임 그만하기 싫은데요."**

- 네가 게임을 계속하고 싶어 한다는 건 나도 이해해. 하지만 지금은 공부할 시간이야. 네가 하고 싶은 걸 할 수 없을 때라도 넌 행복할 수 있음을 명심해라.

- 재미있는 걸 멈추기란 어려워. 하지만 너에게 지금 꼭 필요한 일을 놓쳐서는 안 돼.

- 우리는 아주 즐거운 무언가를 하면 멈추지 않고 계속하고 싶어져. 어쩔 수 없이 그만했다면 가능한 한 빨리 다시 시작하고 싶어지지. 그건 자연스러운 일이야. 누구나 그래! 하지만 상상해 봐. 내가 책을 읽는데 너무 재미있어서 멈출 수가 없는 거야. 그래서 널 학원이나 생일파티에 데려다주어야 하는데, 모른 체하고 보던 책만 계속 읽고 있다면, 넌 뭐라고 하겠니? 책을 계속 보면 즐겁겠지만, 그래도 난 너한테 도움이 되는 일을 선택할 거야.

### 조심하기

- 아이를 지켜보지 않고 내버려두는 것.

# 난 아마 못할 거예요

## 아이가 머뭇거리거나 멈춘다면
## 문제의 본질을 찾아주세요

용기와 인내는 타고난 자질이 아닙니다. 많은 아이가 노력의 개념을 알지 못하며, 특히 조숙한 아이들은 더욱 그런 경향이 있습니다. 이들은 좋은 결과를 얻기 위해 힘들여 노력해야 한다는 사실을 당연하게 생각하지 않습니다. 그런데 모든 것은 단번에 성공할 수 없죠. 성공적으로 일을 마치기 위해서는 다시 시작하고 인내하며 노력하는 것이 정상입니다. 첫 시도에서 실패했을 때, 어떤 아이들은 다시 시작할 엄두도 내지 못합니다. 실패를 피하고자 차라리 아무것도 시도하지 않는 아이들도 있습니다.

기억하기

- 아이가 최선을 다하며 발전하는 모습, 결과에 승복하는 것, 성공은 곧바로 이루어지지 않는다는 사실을 받아들이는 것 등 우리가 아이에게 원하는 것을 알려주세요.
- 두려움이나 스트레스, 피로, 흥미 상실, 게으름, 아이만의 특별한 어려움 등은 아이가 노력하고자 할 때 방해 요인이 될 수 있습니다. 여러 원인 중에서 아이의 노력에 방해가 되는 요인을 찾아보고, 함께 이야기해보세요. 필요한 경우 아이의 교육을 담당하는 교사에게 문의하세요.
- 각각의 원인에 맞는 방법을 적용합니다. 응원, 도전, 내기, 벌칙 또는 보상, 아이와 합의하여 작성한 각서 등이 있겠죠. 조금씩 발전해나갈 수 있도록 점진적으로 단계를 밟아 실행하세요. 아이는 이런 과정과 격려를 통해 인내심을 기를 수 있습니다.
- 어른이 먼저 일상에서 인내의 모범을 보입니다.
- 해야 할 일은 반드시 하고, 자신이 한 말을 지키도록 가르쳐주세요. 자신이 시도한 일은 끝까지 해내는 습관을 지

니게 해주세요.

- 보상은 노력 후에 오는 경우가 많다는 것을 직접 경험하게 해주세요.

대화하기

---

**"난 아마 못할 거예요."**

- 어렵다는 건 나도 알아. 성공하라고 요구하는 게 아니라 네가 할 수 있는 모든 걸 해보고 최선을 다하면서 자신을 발전시키라고 요구하는 거야. 성공은 네가 노력하고 계속 발전해나갈 때 마침내 이루어질 거야. 비록 완벽하게 해내지 못하더라도 성공할 때까지 열심히 하다 보면 조바심도 사라지고 마음도 편안해져!

- 넌 너무 힘들 것 같다고 생각하지만 단번에 성공하지 못하는 건 당연한 거야! 발전하기 위해 시도하고, 실패하고, 또다시 시작해야 해. 그렇게 계속해나가다 보면 넌 결국 성공하게 돼. 난 네가 해내지 못할 거라고 생각해본 적은 한 번도 없어. 용기를 내!

- 내가 이 일을 성공적으로 끝낼 수 있었던 비결이 무엇이었을 것 같니? 사실, 난 아주 오랫동안 성공하지 못했어. 하지만 포기하지 않고 이 일에 매달려서 될 때까지 반복하고 또 반복한 덕분에 결국 끝을 본 거야!

(아이를 응원하고 지지해주려면)

· 목표 써보게 하기. (정해진 기간 내에 마칠 수 있게 구체적인 내용을 씁니다.)

- 네가 방 정리하는 습관을 들이는 첫 번째 단계로, 제일 먼저 침대 옆 탁자 위에 스탠드 말고는 아무것도 올려놓지 않기로 하자.

- (며칠 후) 이제 탁자 위는 잘 치우고 있으니 책상을 정리해보자.

- (시간이 더 흐른 후) 이제부터는 탁자와 책상 말고도 서랍을 정리하는 거로 하자.

· 도전하게 만들기

- 우리 내기할까? 미션은 네가 보름 동안 매일 침대 정리를 하는 거야. 성공하면 만화책을 사줄게! 도전해볼래? 만

일 실패하면 보름 동안 매일 10분(15분, 20분, 30분)씩 조깅을 하는 거야. 오케이?

"우승했어요!"

- 그동안 힘들게 노력하더니 이렇게 훌륭한 결과를 얻었구나! 정말 장하다! 너는 이런 영광을 충분히 받을 자격이 있어. 넌 우승컵만 얻은 게 아니라 오랫동안 최선을 다했다는 자부심과 기쁨도 함께 얻은 거야.

### 조심하기

- 아이가 노력이라면 무조건 '거부 반응'을 일으킬 때, 그 이유를 알아보지 않는 것.
- 힘들어하는 아이를 무시하며 잘못했다고 꾸짖는 것.
- 오로지 성공만을 목표로 삼는 것.
- 아이가 마땅히 받아야 할 칭찬을 하지 않고, 격려해주지 않는 것.

제안

- 용기와 인내를 주제로 한 책이나 위인전, 만화책, 다큐멘터리, 영상 등을 보여줍니다.
- 아이가 아는 사람 중에 용기와 인내의 모범이 될 만한 사람이 있다면, 그 사람의 이야기를 해줍니다.

# 사실을 자주 과장하거나 이야기를 꾸며낼 때

자신의 삶에 늘어서 있는
크고 작은 행복을 깨닫게 해주세요

아이의 상상력은 훌륭한 장점이며 뛰어난 창의성의 원천입니다. 그러나 아이의 머리가 저 하늘의 별들과 함께할 수 있다 해도 다리는 땅을 굳건히 디디고 있어야 합니다. 그런데 태생적으로 현실에서 도피하여 상상 속으로 숨어 들어가는 아이가 있습니다. 이런 아이는 다른 이들이나 자기 자신으로 인해 맛보는 삶의 크고 작은 행복을 마주하고, 거기에 감사하는 법을 가르치는 것부터 시작해야 합니다.

- 아이가 진실을 왜곡하면 현실을 직시하게 합니다. 아이가 말한 것이 구체적으로 무엇인지 물어보세요. 아이가 현실에서 직접 겪은 일을 말하도록 부드럽고 단호하게 대응하세요.

- 아이가 현실을 자각하며 생활하는 습관을 들이게 해주세요. (이는 스마트기기 시대에서 더욱 필요한 일입니다.) 또한 자신의 몸과 움직임에 관심을 가지고, 눈으로 보거나 귀로 듣는 것처럼 오감으로 인식하는 것에 주의를 기울이도록 유도하세요. (예를 들면, 모래 위에서 걷기, 물에서 놀기, 동물 직접 보기 등의 활동을 할 수 있습니다.)

- 아이가 보는 것, 듣는 것, 받는 것, 다른 사람이 자기를 위해 해주는 것, 자신의 재능을 키워주고 건전한 자존감을 만드는 데 기여하는 모든 것에 경이로움을 느끼고 감사하는 마음을 가지도록 일깨워줍니다.

- 부모도 맛있는 식사를 나누고, 태양 아래 앉아 있고, 자신이 좋아하는 일을 하고, 목욕을 하는 것과 같은 소소한 일

상에서 느끼는 행복과 감사를 표현합니다.

- 아이가 여러 가지 일을 동시에 할 수 있다고 하더라도 그렇게 하도록 내버려두지 말고 자신이 하고 있는 한 가지 일에 온전히 집중해보도록 지도해주세요.

### 대화하기

(아이를 현실로 다시 데리고 오려면)

- 네가 말한 건 실제 상황과는 맞지 않은 것 같아. 실제로 무슨 일이 있었는지 다시 얘기해줄래?

(자신이 하는 일과 주변에서 일어나는 일을 자각하는 습관을 가지게 하려면)

- 스마트폰만 보지 말고, 멋진 풍경을 네 눈에 가득 담아 보렴. 새소리를 들어 봐. 따뜻한 햇볕이 느껴지지?

(행복한 마음과 감사를 표현하게 하려면)

- 우리는 집에서 편안히 쉬고, 매일 먹고 마시고, 친구들과 지내는 것을 당연하다고 생각하기 쉬워. 모든 사람이 이렇게 지낼 수 없다는 걸 잊곤 한단다. 감사하는 마음을

갖자!

- 오늘 친구 집에서 아주 재미있게 보냈지? 널 초대해준 친구 부모님이 참 감사하지 않니?

- 엄마 아빠는 매일매일 널 학교와 방과 후 활동에 데려다주고, 너한테 필요한 것들을 채워주려고 애쓰고 있어. 우리에게 고맙다는 생각이 드니?

- 피아노 오디션에서 참 잘했어. 축하한다. 그동안 열심히 노력했던 네 자신을 너 스스로도 칭찬해보렴!

(하고 있는 일에 전념하도록 격려하려면)

- 지금 네가 하는 일에 최선을 다하도록 해. 계속 연습하면 더 빨리 더 능숙하게 할 수 있을 거야.

### 조심하기

- 아이가 자기식으로 이야기를 다시 꾸며내어도 내버려두는 것.

## 제안

- 노트에 일상에서 겪는 작은 행복을 매일매일 기록하자고 제안합니다. 재미있었던 나들이, 가족과 함께했던 보드게임처럼 하루 중에서 즐거웠던 순간을 떠올리고 노트에 쓰게 해보세요.

- 매일 저녁, 식사 시간이나 잠자리에 드는 시간을 활용해 그날 하루 있었던 일 중 가장 좋았던 세 가지 일을 이야기하게 해보세요.

# 거짓말을 했을 때

늘 정직하게 말하고
행동하는 습관을 들이게 해주세요

우리의 역할은 아이가 어른이 있을 때든 없을 때든 진실을 말하고, 올바르게 행동하도록 가르치는 것입니다. 이런 교육은 아이의 기질을 고려해 아주 일찍 시작해야 합니다. 아이를 신뢰한다는 것은 아이가 우리에게 하는 말을 믿고, 우리가 없을 때라도 바르게 행동할 것이라고 믿는 것입니다. 이런 교육을 통해 우리는 자연스럽게 책임감 있는 아이로 키울 수 있으며, 아이에게 더 많은 자율성을 줄 수 있습니다.

자기 자신을 책임지는 일은 발전과 퇴보, 행복한 시간과 힘든 시간을 거치며 조금씩 배우게 됩니다. 그리고 자신을 스스로 책임지게 될 때, 커다란 기쁨을 맛볼 수 있죠.

- 아이가 하는 말이 일상에서 하는 행동과 실제로 일치하는지 확인합니다. 만일 그렇다면, 꾸준히 정직하게 생활하도록 격려해주세요. 신뢰를 받고 자란 아이는 자신의 이미지를 긍정적으로 바라보며, 건강한 자존감을 느끼게 됩니다.

- 만일 아이가 자신이 저지른 부족한 행동(잘못, 실수, 서투른 짓 등)에 부끄러움을 느끼며 사실대로 말한다면 너그럽게 대해주세요. 솔직히 말한 아이의 용기를 칭찬해주고, 아이와 함께 어떻게 그 일을 수습할지 방법을 찾습니다.

- 만일 거짓말을 했거나 속였거나 훔쳤다면, 아이와 함께 대화하면서 그렇게 행동한 원인(두려움이나 무언가를 갖고 싶은 마음)을 찾는 것부터 시작합니다.

- 만일 아이가 사실이 아니라고 드러난 거짓말을 계속 고집해서 늘어놓는다면, 진실을 말할 수 있게 생각할 시간을 주세요.

- 만일 계속해서 진실을 말하길 거부한다면, 앞으로는 당분간 너를 신뢰할 수 없으며 네가 하는 말이나 행동이 사실인지 계속해서 확인할 것이라고 경고합니다.

- 아이가 거짓말을 하거나 정직하지 않은 행동을 하면, 그런 일이 생길 때마다 아이의 행동을 반드시 바로 잡아야 합니다. 예를 들어, 물건을 훔쳤다면 돌려주게 하고, 거짓말을 했다면 사실을 말하게 합니다. 또한 잘못된 행동과 신뢰를 깨뜨린 것에 대해 진심으로 뉘우치고 사과하게 하세요. 이때 주의할 점이 있는데, 마음에서 우러나오지 않은 사과는 강요하지 않습니다.

- 아이가 잘못을 반성하고 진실한 말과 행동을 하려고 노력한다면 아이를 격려해줍니다. 그런 노력이 계속되면 아이를 다시 믿어줄 수 있습니다.

- 만일 아이가 자신의 말과 행동을 고치지 않는다면 전문가에게 도움을 청합니다. 아이가 그렇게 행동하는 데는 무의식적인 원인이 있을 수 있습니다.

- 각 아이에게 자신이 감당할 만한 책임을 부여합니다. 아이에게 책임을 지울 수 있는 까닭은 아이가 신뢰받을 만

하기 때문입니다. 신뢰와 자유는 한 쌍입니다. 신뢰가 있으면 부모는 아이의 나이와 능력에 따라 점점 더 많은 자유와 자율성을 허락하며, 이를 통해 아이는 비상할 준비를 합니다.

### 대화하기

(정직하게 말했을 때)

- 그래, 네가 솔직히 말했다는 걸 알겠어. 그것만으로도 정말 기쁘다. 정직한 건 칭찬받을 만한 일이야. 앞으로도 계속 솔직해지자! 난 너를 믿어.

- 네가 진실을 말했다는 걸 알아. 그건 정말 잘했어. 넌 용기 있게 행동한 거야. 진실을 말하는 건 어려운 일이거든. 네가 잘못한 일은 자랑스러운 게 전혀 아니지만 솔직하게 말한 건 정말 잘한 거야. 이제 네가 저지른 일을 어떻게 수습할지 함께 고민해보자.

(왜 거짓말을 했는지 이유를 알아보려면)

- 네가 왜 그런 짓을 했는지 알고 싶다.

- 두려운 게 있었니?

- 뭘 하려고 했던 거니? 탐나는 게 있었어? 무슨 생각이 들어서 그랬니?

- 너한테 부족한 게 있니? 다른 아이처럼 되고(갖고) 싶었어?

(생각할 시간을 주고 진실을 말하도록 도우려면)

- 진실을 말하는 게 어려운 일이라는 건 알아. 하지만 거짓말은 네 잘못을 또 하나 늘릴 뿐이야. 그러면 잘못은 눈덩이처럼 불어나게 돼. 거짓말은 감옥과 같아서 진실을 말해야만 그곳에서 빠져나올 수 있고, 그러기 위해서는 용기가 필요해. 오늘 저녁까지 잘 생각해보기 바란다. 그러고 나서 우리 둘이 조용히 다시 얘기하자. 난 네가 너 스스로 만든 감옥에서 빠져나오길 바라.

- 난 네가 진실을 말하는(정직해지는) 습관을 들이기를 정말로 바란다. 거짓말(도둑질)을 하면 안 그런 척하려고 아무 상관없는 사람들까지 끌어들이게 되거든. 그래서 진실을 말하는 건(정직해지는 건) 점점 더 어려워져.

(잘못한 일을 바로 잡고 용서를 구하게 하려면)

- 너는 거짓말을 해서 다른 사람과 너 자신에게 잘못을 저질렀어. 쉽진 않겠지만 잘못을 바로잡겠다고 마음을 고쳐먹기 바라. 어떻게 하면 진실을 바로잡고 고백할지 같이 생각해보자.

- 네가 상처를 준 사람에게 용서를 비는 게 최선이야. 넌 내게도 용서를 빌어야 할 거야. 널 믿었는데 네가 우리 사이의 신뢰를 깨뜨려서 마음이 너무 아프거든.

- 사람들은 서로를 믿을 때 행복하게 살 수 있어. 그렇지 않다면 언제나 서로를 믿지 못하고 의심해야만 할 거야. 그건 너무 슬픈 일이지 않겠니?

(아이가 점점 개선되어가는 모습을 격려하려면)

- 넌 아주 잘하고 있어. 이대로 계속하면 난 다시 널 믿을 수 있을 거야!

## 조심하기

- 아이에게 "넌 오늘 도대체 뭘 했니? 진짜 놀랍지도

않다!" 같은 말을 하는 것. 이런 식으로 상처를 주고 무시하는 말은 아이가 자신을 신뢰하지 못하게 하며 자존감 형성에 해로운 영향을 준다.

- 자신이 하는 일에는 '그럴 만한 이유'가 있다고 핑계를 대면서 아이에게 요구한 것과 반대로 행동하는 것.
- 아이가 가게에서 훔친 물건이나 자기도 모르게 가져온 친구 물건을 간직하게 내버려두는 것.
- 아이가 자신의 행동에 책임지지 않고 회피하게 하는 것.
- 아이가 자신의 행동을 다른 사람 탓으로 돌려도 수긍하고 아이의 변명을 믿는 것.

## 제안

- 아이가 고백하기 어려워할 때는 말보다는 글로 쓰게 해 보세요.

6

# 몸과 마음에 변화를 맞이한 아이에게

아이가 행복한 어른으로 성장하게 하려면 신체와 지능이 잘 발달하도록 양육하는 것만으로는 충분하지 않습니다. 아이의 정서발달에도 주의 깊게 관심을 기울이고, 정서적으로 성숙해질 수 있게 이끌어야 합니다. 이를 통해 아이는 다른 사람을 사랑하고, 사랑받을 수 있는 사람으로 성장합니다.

자아 중심적인 사고와 자신이 원하는 대로 모든 걸 할 수 있다는 생각에서 벗어난 후에, 아이는 거쳐야 할 새로운 단계에 직면합니다. 이런 단계도 어렵긴 마찬가지인데 그 이유는 포기해야 할 것이 많기 때문입니다. 따라서 아이가 자신과 주위 사람들을 행복으로 이끄는 길을 향해 나아갈 때, 아이를 도와 함께해야만 합니다.

정서교육은 몸과 영혼과 정신으로 이루어진 인간의 본성에서 우러나오는 경이로움의 감정을 함께 나누는 걸로 시작합니다. 이 교육의 관건은 아이가 성장함에 따라 다른 사람을 사랑하고, 자기 것을 내어주고, 서로 주고받을 수 있는 능력이 점점 더 많아지며, 그 능력이 더욱더 좋은 방향으로 커질 수 있도록 하는 것입니다. 그리고 사랑이라는 맥락에서 성교육도 필요합니다.

아이에게 남자와 여자의 삶을 준비시키고 진실하고 성숙하게 사랑하는 법을 가르치는 데는 오랜 시간이 걸리므로 아이와 교감하는 신뢰를 바탕으로 이 주제에 신중하게 접근해야 합니다. 아이의 내면에 있는 더욱 내밀하고 귀중한 것을 보호하길 원한다면 경계를 게을리하지 말아야 합니다.

# 상대방을 존중하는 마음 알려주기

## 아이에게 진정한 사랑이 무엇인지 알게 해주세요

많은 이가 '사랑'은 애정, 애착, 다정함, 공감과 같은 감정을 의미한다고 생각합니다. 물론 감정이나 느낌은 사랑에 따라붙는 것일 수 있습니다. 하지만 그것 자체를 사랑이라고 정의할 수는 없습니다. 사랑한다는 것은 자신이 사랑하는 사람이 누구이든 무슨 일을 하든, 그를 위해 선하고 행복하고 올바른 일을 하길 원하고, 또 실행하는 것을 말합니다. 즉, 사랑은 감정을 뛰어넘는 것이죠. 의지가 이끄는 마음은 비록 그 대가가 크다 할지라도 다른 이의 평안과 행복을 위해 행동하려고 합니다. 만일 다른 사람이 내게 상처를 입히면, 내 마음은 앙심을 품고 그에게서 돌아서고자 할 것입니다. 그럼에도 불구하고 그를 존중하겠다고 마음을 돌이킬 수 있는 건 나의 의지 덕분이며, 의지로 인해 나는 자유로운 인간이 됩니다.

기억하기

- 사랑은 아이 자신과 다른 이를 이롭게 하고 행복하게 하는 일임을 설명합니다.

- 행동에서나 말에 있어 다른 사람과 자기 자신을 존중하는 태도를 지녀야 한다는 사실을 강조합니다. "존중은 사랑으로 향하는 첫걸음"이라고 한 블레즈 파스칼의 금언을 되새겨보세요. 인간의 존엄성은 누구에게나 평등합니다. 따라서 각 개인을 존중해야만 합니다. 그러나 존중의 표지는 사람들의 연령과 직업, 그가 맡은 책임에 따라, 그리고 상황과 장소 등에 따라 다양하게 나타납니다. 예를 들어, 어른에게 말할 때와 반 친구에게 말할 때 같은 방식으로 말하지 않는다는 점을 생각해보세요.

- 아이에게 감사를 표하도록 요구하고, 나눔과 타인을 돕는 일을 생활화할 수 있도록 가르칩니다. 어른이 먼저 모범을 보여주어야 합니다.

- 다른 사람에게 주의를 기울이도록 가르치고 타인에게 공감하는 능력을 키우게 합니다.

(존중에 대해 알려주려면)

- 모든 사람은 자기가 누구든지 간에 인간이라는 점에서 유일하고 소중한 존재란다. 사람은 투명 인간도 아니고 물건이나 기계도 아니야. 그리고 너처럼 존중받을 권리가 있지. 누구나 너처럼 감정을 느낀단다. 비록 네가 늘 알아차리지는 못해도 누구든 너처럼 기쁨이나 두려움, 슬픔을 느껴.

- 상대방이 어떤 사람인지, 어떤 상황인지에 따라서 말하고 행동하는 방식을 달리해야 해. 예를 들면 또래 친구들에게 말하는 식으로 어른에게 말하지 않는 것, 누가 이야기할 때 말을 자르지 않는 것, 결혼식에 초대받았을 때 단정한 차림으로 가는 것, 선생님에게 공손하게 인사하는 것 모두 상대방을 존중하는 행동이야.

- 네가 머리를 헝클어뜨린 채로 다니거나 더러운 티셔츠를 입고 다니는 건 너 자신을 존중하지 않는 거야. 그리고 다른 사람도 존중하지 않는 거고. 의아할 수도 있겠지만 자기 자신을 사랑하는 올바른 방법이 있다는 걸 알아야

해. 네가 머리를 빗고 외모를 단정하게 하는 건 스스로를 존중하고 너 자신을 사랑하는 법을 배우는 거야. 넌 사랑받아야 마땅한 아이잖아. 너를 사랑하는 사람들도 네가 너답게 겉모습을 가지런하게 하고 다니고 네 가치를 높이는 걸 더욱더 좋게 생각한단다.

(아이의 마음을 훈련하려면)

- 내가 좀 피곤해서 쉬고 싶은데, 심부름 좀 해주겠니?

- 네가 보기에도 엄마(아빠)가 피곤한 것 같지? 안됐다는 생각이 들지 않아? 물론 네가 도와주고 싶은 마음이 안 생길 수도 있어. 하지만 네가 도와주면 엄마(아빠)가 피곤한 게 좀 가실 거고, 정말 기쁠 거야!

- 동생이 아파서 아빠가 약을 사러 약국에 가셨어. 난 저녁을 준비해야 해. 동생을 돌봐줄 사람이 필요한데, 만화책 그만 보고 동생이 좋아하는 책을 읽어주겠니?

(감사 인사를 잘 하지 않는다면)

- 누가 네게 무언가를 주거나 널 위해 어떤 일을 해줄 때마다 감사하다고 인사하는 건 당연히 해야 할 일이란다. 늘 해주는 일이건 아니건 말이야. 네가 "고맙습니다"라

고 말하는 건 그 사람이 널 위해 해준 일을 알아주는 거란다.

- 네가 어떤 사람에게 무언가를 주거나 어떤 일을 해줬는데, 고맙다는 소리도 듣지 못한다면 어떤 생각이 들까? 아마 너 자신이 투명 인간이 된 듯한 느낌이 들 거야. 마치 네가 아무것도 하지 않았고, 아무것도 주지 않은 것처럼 말이야. 아니면 네가 아예 존재하지도 않는 사람처럼 느껴질 수도 있어. 만일 그 사람이 네게 감사 인사를 하면, 넌 네가 존재한다는 걸 느낄 수 있지. 그리고 선물을 주었을 때처럼 마음이 행복해져. 그러니 우리를 위해 애써준 사람에게 감사 인사를 해서 그 사람을 행복하게 해주는 건 당연한 일이야.

- 많은 사람의 안전과 편의를 위해 일하는 사람들에게도 감사한 마음을 가져야 해. 그리고 부모인 우리에게도 감사해야 하고. 우리는 네가 잘 크도록 네게 필요한 모든 걸 해주니까 말이야.

(나눔과 관대함의 의미를 깨닫게 하려면)

- 친구 생일잔치에 가서 사탕을 잔뜩 얻어왔구나! 네가 좋

아하니 나도 정말 좋다. 동생이 사탕을 엄청 좋아하는 거 알지? 네가 혼자 다 간직하고 싶어 하는 건 나도 이해해. 그런데 네가 갖고 싶어 하는 사탕을 봉지에 가득 담아 들고 돌아온 사람이 동생이라면 너는 무슨 생각을 하겠니? 동생이 네게 몇 개를 나눠준다면 기분이 좋지 않겠어? 오늘은 네가 동생을 기분 좋게 해주면 어때?

- 네가 게임기를 동생에게 빌려주고 싶어 하지 않는다는 건 알아. 하지만 동생 입장이 돼 봐. 동생은 그 게임을 정말 좋아하고 하는 방법도 알아. 동생을 믿고 빌려주면 어떻겠니? 동생이 조심스럽게 다루는지 내가 지켜볼게.

### 조심하기

- 아이가 다른 사람을 비웃고 험담하고 비난하고 깎아내리는 말을 해도 내버려두는 것. 상대가 누가 됐든 그런 말은 못 하게 해야 하며, 농담이라도 해서는 안 된다.

- 아이가 "난 정말 한심해!", "난 아무짝에도 소용없어!" 같은 말을 하며 자기 자신을 비하할 때 아무런 개입 없이 내버려두는 것.

- 옷매무새나 외모(옷차림이나 머리 손질 등)에 무관심한 아이를 내버려두는 것.
- 아이에게 '주는 것'과 '받아야 할 것'에 대해 명확한 개념을 가르치지 않는 것.

### 제안

- 너그러운 마음으로 다른 사람을 배려하며 친절하게 대할 때 마음에서 솟아나는 기쁨을 느낄 수 있습니다. 아이도 이런 경험을 하게 해주세요. (자기를 좋아하게 만들거나 관심받으려고 아낌없이 퍼주는 아이들이 있는데, 이런 아이들에게는 더 깊은 관심이 필요합니다. 이들은 다른 사람의 환심을 사기 위해 본심과는 다르게 무의식적으로 이런 행동을 하는 것일 수 있습니다.)

# 곧 다가올 사춘기 준비하기

## 변화의 의미와 목적을 이해하게 해주세요

얼마 안 있어 청소년기로 접어들 아이는 몸과 마음에 급격하고도 본질적인 변화를 맞게 됩니다. 이 시기에 앞서 아이를 준비시키는 것은 전적으로 우리의 역할입니다. 가능하면 미리 대비하는 게 좋습니다. 너무 늦는 것보다는 차라리 너무 이른 편이 낫습니다. 아이의 신체와 정신에 일어날 수많은 변화를 이야기하고 그 의미와 목적을 설명할 때, 딸에게는 엄마(혹은 아이와 친밀한 여성)가, 아들에게는 아빠(혹은 아이와 친밀한 남성)가 얘기해보세요. 이런 교육은 동성의 어른이 해주는 게 훨씬 효과적입니다.

그런데 아이들이 살아가는 오늘의 사회는 과도한 성문화에 노출되어 있어서, 아이들마저도 알게 모르게 영향을 받습니다. 더구나 보건 수업이나 체육 수업에서는 오로지 신체에 관한 것만 가르치며 진정한 사랑에 대해서는 언급하지 않는 경우가 많습니다. 몸과 사랑의 관계를 다루는 수업은 아예 없다고 해도 과언이 아니죠. 따라서 인간성을 상실한 신체는 왜곡되고, 성은 진부해지며, 개인은 물건처럼 취급됩니다. 인간이 존재하는 궁극적인 목적은 사랑하는 것인데도 이런 일이 우리 사회에서 버젓이 일어나고 있습니다.

초등학교와 중학교에서 마련한 수업들은 예전보다 더 일찍 아동이나 예비 청소년, 혹은 청소년들에게 성에 관한 많은 정보를 제공합니다. 그러나 같은 나이의 남학생과 여학생, 심지어는 같은 남학생이나 같은 여학생 사이에 존재하는 신체와 정신의 성숙도 차이를 고려하지 않습니다. 이런 집단 수업은 각자의 감수성을 배제한 채 이루어지며, 특히 마음을 교육하는 일과는 완전히 동떨어져 있습니다. 이 모든 이유로 자녀에게 이 주제에 관해 제일 먼저 말하는 사람은 부모가 되어야 합니다. 이는 부모의 책임이자 특권입니다.

아이의 성별과 성숙도에 따라, 아이가 변화해가는 자신의 신체와 마음을 다스리는 방법을 발견하도록 이끌어주세요. 인간적으로 사랑한다는 것은 마음과 지성, 의지, 몸으로 사랑하는 것입니다. 그리고 몸은 사랑을 말하기 위한 언어를 지니고 있으며, 사랑은 마음에서 우러나오는 것임을 잊지 마세요. 사랑과 성에 관해서는 오랜 시간에 걸쳐 세심하게 교육해야 합니다. 우리의 자녀를 교육할 주체는 인터넷이 아닙니다. 청소년기를 준비하는 아이들에게 필요한 성교육은 남자아이든 여자아이든 마음의 교육을 반드시 병행해야 합니다.

- 알맞은 때를 골라, 아이와 함께 사춘기에 일어날 변화와 목적에 관해 얘기하는 시간을 갖습니다. 이때, 아이가 부모와 은밀한 유대감을 느낄 수 있도록 다른 형제자매가 없는 곳에서 둘만의 비밀을 나누듯 조용히 이야기하는 것이 중요합니다. 자녀와 친구가 될 수 있도록 차근차근 노력합니다. 우리도 친구처럼 아이와 비밀을 공유하는 사이가 될 수 있습니다. 이렇게 해야 하는 이유는 아이가 사춘기에 접어들었을 때 혼자 불안해하지 않고, 걱정거리들을 우리에게 스스럼없이 질문할 수 있도록 해주기 위해서입니다. 그러니 아이의 이야기를 듣고, 아이에게 우리가 필요할 때 늘 곁에 있어주며, 무조건적인 사랑을 보여주세요. 또한 우리가 아이를 이해하고 있다는 것을 언제나 느끼게 해주어야 합니다.

- 아이에게 2차 성징이 나타나고 아이가 자신의 몸이 변화하는 것을 느낀다면 사춘기가 시작된다는 신호입니다. 아이에게 조심스럽게 다가가고 아이의 사생활과 수치심을 존중해주어야 합니다. 아이는 남성이나 여성의 생식

기관에 대해 특별한 관심을 가지고 자각하기 시작하며, 자신의 몸으로 겪는 경험들도 아동기 때와는 확연히 달라집니다.

• 여자아이들을 위해

엄마는(한부모 가정 혹은 아버지 혼자 딸을 키우는 가정에서는 딸과 정서적으로 친밀한 여성이 그 역할을 할 수 있습니다) 딸에게 신체에 나타나는 여성성의 징후와 의미를 미리 알려주고 설명해주는 역할을 해야 합니다. 여자아이의 신체 발육은 사랑과 임신, 출산을 준비하는 과정입니다. 월경과 생식능력의 첫 징후가 나타나기 전에 신체의 변화를 미리 아이에게 알려주어 마음의 준비를 하게 해주고, 여성으로서 자신의 생식능력을 깨달을 수 있도록 도와줍니다. 임신하고 출산하는 과정에는 여러 형태가 있다는 것도 잊지 말고 알려주세요. 아이가 자신의 변화에 경이로움을 느끼도록 해주는 것은 당연한 일입니다. 마지막으로 사춘기에 나타나는 감정과 정서의 변화뿐만 아니라 몸과 마음에서 일어나는 성적 충동과 순결의 문제에 대해서도 같이 대화를 나눠보세요.

- 남자아이들을 위해

아빠는(한부모 가정 혹은 어머니 혼자 아들을 키우는 가정에서는 아들과 정서적으로 친밀한 남성이 그 역할을 할 수 있습니다) 사춘기를 앞둔 아들에게 첫 조언자의 역할을 해주어야 합니다. 아이의 몸은 얼마 안 있어 변화(사정 등)를 겪게 되는데, 이런 변화가 나타나기 전에 어떤 일이 아이 몸에 일어나는지, 그 의미는 무엇인지에 대해 미리 설명해주고, 자신의 남성성을 긍정적으로 받아들일 수 있게 도와주세요. 또한 아이가 자신의 감정과 정서의 변화를 이해하고, 이 시기를 잘 보낼 수 있도록 든든한 가이드가 되어주세요. 아이의 신체는 자기 자신과 삶을 위해 쓰이는 도구입니다. 그러므로 자신의 몸을 책임질 수 있도록 준비시키고, 여성을 존중하며 물적 대상으로 바라보지 않도록 가르쳐야 합니다.

- 호르몬의 급격한 변화와 호르몬 주기의 생성, 이미 시작되었거나 점점 빈번해지는 정서적인 위기에 주의를 기울여주세요. 또한 신체의 성장에 따라 생길 수 있는 피로감에도 유의해주세요.

- 사춘기에 들어섰을 때, 예비 청소년인 아이에게 이성을

대하는 법을 미리 알려주세요. 이는 아이가 이성 친구를 존중하고 이성 친구와 순수한 우정을 나눌 수 있도록 해 주기 위함입니다.

- 옷의 역할에 대해서도 같이 이야기를 나눠보면 좋습니다. 옷은 몸과 몸의 아름다움이 지닌 가치를 높이고, 타인의 불쾌한 시선으로부터 사적인 나의 몸을 보호하며, 존중심을 이끌어내는 역할을 합니다. 올바른 자부심을 가지도록 도와주기도 하죠. 옷을 입는 방식은 자신이 어떤 사람인지에 대해 스스로 생각해볼 수 있게 한다고 설명해 주세요.

- 이 장에서 언급한 주제들을 학교 수업에서 언제 다루는지 관심을 가지고 있다가, 그즈음에 아이와 함께 다시 한번 이야기합니다. 가능하면 수업 전에 교과서에 나온 성교육 부분을 함께 읽어보세요.

- 동성애에 관한 질문에는 간결하게 대답합니다. 모든 사람은 존중받아야 하며 성적 지향성이 다르다고 해서 그들을 깎아내려서는 안 된다는 사실을 강조합니다.

아이에게 중요한 정보들을 큰 틀에서 알려주고 부모의 입장에서 교육했다면(아이의 나이, 각자의 감성, 아이가 이미 알고 있는 내용에 따라 가르쳐야 합니다), 아이의 질문에 답하거나 이 주제를 좀 더 심화할 수 있는 몇 가지 요소들을 알아두세요.

(아직은 어린 딸과 사춘기에 대해 대화를 나누려면)

- 나도 사춘기를 겪었어. 너도 곧 겪게 될 거야. 쉬운 시기는 아니란다. 네 몸과 마음에 아주 많은 변화가 찾아오거든. 그때가 되면 넌 아마 신경이 곤두서고 예민해질 수 있어. 모든 게 변하니까 말이야. 그건 자연스러운 거야. 네가 곧 어엿한 소녀가 된다니 참 행복하다. 아빠도 대견하실 거야.

- 너는 이제 성인 여성이 될 준비를 하고 있어. 그리고 언젠가 엄마가 될 수 있는 준비도 하는 거란다. 나도 아빠도 네가 이렇게 컸다니 정말 행복해. 네 몸은 사랑을 하고, 살아가고, 다른 사람들에게 도움을 주는 일을 하는 데 쓰이는 거란다. 네가 여성이 되기 전에 네 몸과 마음

에 어떤 일이 일어나는지 설명해주려고 해. 넌 이 시기를 지내기가 힘들다고 느낄 수도 있어. 마음보다 몸이 성장하는 속도가 훨씬 빠르거든. 완전한 사랑을 하려면 네 마음이 한참 더 성숙할 때까지 기다려야 해.

- 너는 언제나 존중받을 권리가 있어. 널 이상한 눈으로 보거나 불편한 시선으로 쳐다보는 건 거절해야 해.

(월경에 관해 설명하려면)

- 네 몸이 점점 자라 어른이 돼가는 걸 보니 정말 기쁘다. 이렇게 성장하는 건 네 몸속에서 급격한 변화가 일어나고 있다는 신호지. 지금은 아직 잘 모르겠지만, 네가 처음으로 월경을 하는 날 네 몸이 바뀌고 있다는 걸 알게 될 거야.

- 월경은 여성이 아이를 가질 수 있게 되었다는 걸 말해. 매달 피가 나오는데, 그건 임신을 했을 때 배 속에 있는 아기를 자라게 하는 데 사용하는 거야. 그래서 임신 중에는 월경을 하지 않아. 생애 첫 월경을 시작한다면 자랑스럽게 생각하고 행복하게 여길 수 있어. 우리도 당연히 그렇게 생각할 거야.

(예비 청소년인 아들과 사춘기에 대해 대화를 나누려면)

- 이제 너도 많이 컸구나. 좀 있으면 어른이 되고 어린 시절과는 작별할 날이 올 거야. 네 몸은 언젠가 나처럼 변하게 돼. 그리고 네 마음은 한 여자를 사랑하는 법을 배울 거란다. 그 여자는 어쩌면 네 아내가 될지도 모르지.

- 네가 어른이 되기 시작하면 난 정말 행복하고 자랑스러울 거야. 엄마도 마찬가지이고. 넌 이제 곧 목소리가 변해서 변성기로 접어들어. 그뿐 아니라 네 몸에는 다른 변화들도 찾아오게 돼. 힘도 조금씩 더 세지고, 몸에 이어 얼굴도 어린아이 티를 벗게 되지.

- 넌 네 몸에 변화가 생기는 걸 알게 될 텐데, 그걸 보고 놀랄 수도 있고 당황할 수도 있어. 하지만 그건 전부 정상이야. 네 생식선은 정자(생명의 씨)를 생산하기 시작해. 그리고 가끔은 너도 모르게 흘러나올 수도 있지. 특히 한밤중에 그런 일이 종종 생겨. 그래도 시간이 지나면서 조절하는 법을 조금씩 알게 되니 걱정할 필요 없어.

- 네 몸은 여자애들에게 매력을 느끼고, '충동'을 느낄 수 있어. 그건 자연스러운 거야! 하지만 네 마음은 아직 준

비된 상태가 아니야. 몸과 마음의 성장 속도가 다르기 때문에 일상생활이 힘들어질 수도 있어. 온몸과 온 마음으로 누군가를 사랑하려면 아직 준비할 시간이 더 많이 필요하거든.

- 누군가에게 시선을 줄 때 존중하는 마음을 갖는다는 건, 그 사람을 보고 그의 얼굴을 바라보는 걸 말해. 그 사람 몸을 일부러 뚫어지게 쳐다보는 건 존중하는 게 아니야. 모든 사람은 존중받을 권리가 있다는 걸 명심하도록 해.

## 조심하기

- 성교육에 관한 문제들을 이야기하지 않으려고 '침묵의 유혹'에 빠지는 것.
- 아이가 사춘기에 대한 정보를 알아서 얻도록 내버려두고 관심을 가지지 않는 것.
- 사랑과 성에 관한 주제를 이야기할 때 저속하고 거친 언어를 사용하는 것.

제안

- 모녀가 서로 교감하는 시간을 내기 위해, 같이 옷을 사러 나가는 시간을 이용해보세요.
- 유행을 따르거나 유행에 휩쓸려 옷을 선택하기보다는 자신이 좋아하는 스타일의 옷을 선택하게 해보세요.

## 위험으로부터 지켜주기

성의 본질을 악용한 모든 것으로부터
아이를 보호해주세요

남녀의 사랑은 보석처럼 아름답고 소중한 것이지만 그런 만큼 수많은 방식으로 침해당하고 있습니다. 현실에서는 소아성애나 음란물을 비롯하여 성과 사랑의 진정한 의미를 왜곡하는 것들이 수도 없이 넘쳐납니다. 아이가 좀 더 나이가 들어 진실하고 풍부한 사랑을 할 수 있도록 해주려면, 우리의 삶 속에 존재하는 위험들을 미리 알리고 아이를 보호해야 합니다. 미리 경고를 받은 아이들은 악의적인 위험이 닥쳤을 때 이에 저항할 힘이 있습니다. 거듭 말하지만, 아이 자신이 불쾌하게 느꼈던 사건이나 상황을 우리에게 터놓고 말하게 하려면 아이와 신뢰 관계를 쌓아두는 것이 필요합니다.

- 안전에 관한 기본 규칙들을 명심시킵니다. 모르는 사람에게 문 열어주지 않기, 알지 못하는 사람은 절대로 따라가지 말기, 모르는 사람이 주는 선물은 전부 거절하기, 문제가 생겼을 경우 될 수 있으면 유니폼을 입은 사람(경찰, 경비원 등)에게 얘기하기 등이 있습니다.

- 우연히든 친구에 의해서든, 아이가 소아성애, 음란물, 충격적이거나 혐오스러운 이미지 같은 위험에 노출되기 전에 우리가 먼저 이런 위험들에 대해 솔직하고 조심스럽게 이야기를 해줍니다.

- 아이가 질문하면 아무리 조숙한 질문이라 해도 답해주어야 합니다. 아이가 질문한다는 것은 그에 대한 답을 들을 만큼 성숙했다는 뜻입니다.

- 무언가 걱정스러운 일이 생기거나 마음을 불안하게 하거나 충격을 받는 일이 생긴다면 그게 무엇이든 우리에게 말해야 한다고 아이에게 다짐을 받습니다.

- 아이에게 나쁜 일(혐오스러운 대화에 참여하거나 저질의 이

미지나 영상을 보는 것 등)에 동참하라고 제안하는 사람이 있다면 그 제안을 단호히 거절할 힘을 길러줍니다. 아이가 자신의 책임과 자유를 점차 실행할 수 있도록 가르쳐 줍니다.

### 대화하기

(솔직하고 조심스럽게 이야기하려면)

- 너도 알다시피, 불건전하고 나쁜 습관을 지녔거나 몹쓸 짓을 하는 사람들이 있어. 그런 사람이 하는 행동은 정말로 나쁜 거야. 예를 들어서, 아이들 몸의 은밀한 부분을 만지려는 사람들이 있어. 널 무섭게 하려고 이런 말을 하는 게 아니야. 난 오로지 이런 일이 실제로 일어날 수 있다는 걸 네가 알았으면 하고, 만일 너한테 이런 짓을 하려는 사람이 있으면 단호하게 거절해야 한다는 걸 알려주고 싶은 거야. 이 사실을 미리 알고 있으면 혹시라도 나쁜 일이 벌어졌을 때 피할 수 있어.

- 넌 아마도 이런 일이 왜 위험한지 궁금할지도 몰라. 그게 위험한 까닭은 그자들이 하는 나쁜 짓 때문에 네 몸과 상

상력과 생각과 마음이 완전히 망가지기 때문이야. 이런 일을 겪으면 네가 나중에 커서 진짜 사랑을 해야 할 때 어려움을 겪을 수 있어. 몸, 마음, 생각은 너 자체야. 그런데 만일 네 몸이나 마음이 존중받지 못하고 상처를 입으면 모두 망가질 수 있어.

(소아성애에 대해 말하려면)

- 세상에는 아이를 이상한 눈빛으로 쳐다보고, 너무 다정하게 만지거나 쓰다듬는 사람들이 있단다. 심지어는 아이 몸의 은밀한 부분에 관심을 가지기도 해. 이런 일은 거리에서든 학교에서든 어디서나 일어날 수 있는데, 어떨 때는 아이가 가족과 함께 있는데도 이런 일이 생기기도 해. 그 사람은 아는 사람일 수도 있고 모르는 사람일 수도 있어. 어쩌면 예쁘다고 쓰다듬는 것 같기도 하고 놀이처럼 보일 수도 있지만, 절대 아니야! 그런 상황이 닥치면 있는 힘껏 소리 지르면서 저항하고 재빨리 도망쳐야 해. 그리고 망설이지 말고 우리에게 즉각 알려야 해.

(음란물과 해로운 이미지에 대해 말하려면)

- 지금 말하려는 건 특히 스마트기기와 관련한 건데, 스마트기기뿐만 아니라 잡지나 광고를 볼 때도 이런 위험에

노출될 수 있어. 그건 바로 음란물에 관한 거야. 세상에는 자기 몸과 남의 몸으로 뭐든지 할 수 있다고 믿게 하려는 자들이 있어. 그 사람들은 음란물을 만들고 퍼뜨리지. 사랑은 인간의 삶에서 가장 아름다운 가치야. 그런데 완전히 이상하게 왜곡된 이미지로 만들어 망가뜨리는 거야. 그래서 음란물을 자꾸 보다 보면 사랑이 더러운 것이라는 생각을 하게 돼. 이들이 사진이나 영상으로 찍는 건 진정한 사랑이 아니야. 사랑을 혐오스럽다고 생각하게 만드는 짐승 같은 행동일 뿐이야.

- 남자와 여자가 사랑하는 마음으로 서로를 내어줄 때, 그건 두 사람만의 교감이 이루어지는 비밀스러운 행동이 된단다. 두 사람이 사랑하는 행위는 너무나 소중한 거라서 동영상으로 찍어 남들에게 보여줄 수도 없고, 그래서도 안 되는 거야. 사랑은 더러운 게 아니라 오히려 정말 아름다운 거란다.

- 이들이 왜 이런 짓을 하는지 혹시 궁금하지 않니? 그건 한마디로 돈 때문이야. 왜냐하면 영상에 찍힌 사람들은 그 대가로 돈을 받고, 영상을 인터넷에 올리는 사람들도 그걸로 돈을 벌거든. 그렇게 찍은 영상을 보면 사람들의

마음이 망가진다는 걸 뻔히 알면서도 돈만 번다면 전혀 상관하지 않는 거야.

- 이런 나쁜 영상은 인터넷에서 누구나 볼 수 있어. 가끔은 일부러 보려고 한 것도 아니고, 일부러 찾은 것도 아닌데, 보게 되는 경우가 있어. 컴퓨터나 스마트폰을 보는데 화면에 그냥 떠버리는 거지. 이런 이미지를 보면 넌 충격을 받을 거야. 가장 좋은 방법은 이런 영상이 화면에 뜨자마자 컴퓨터를 바로 꺼버리고 우리에게 말하는 거란다.

(아이가 용기 내서 우리에게 말할 수 있도록 하려면)

- 우리가 다른 사람에게 말하기 가장 힘든 게 무엇인 줄 아니? 그건 우리에게 가장 나쁜 영향을 미치는 것들이야. 그런 걸 보거나 알게 되면 우리 잘못이 아닌데도 수치심 때문에 말하기도 힘들어지거든.

- 네가 설혹 금지된 음란물을 우연히 보게 되어서 몹시 수치스럽고 불안한 마음이 든다면, 그래도 반드시 우리에게 말해줘야 해. 정말 중요한 거야. 그건 네 잘못이 아니거든. 그걸 보게 됐다고 해서 우리는 널 혼내지 않아.

(서로 다른 성별에 대해 존중할 수 있도록 하려면)

- 남자와 여자의 몸의 특성은 달라. 하지만 자기가 좋아하는 활동을 하는 데 불편을 주지는 않아. 남자아이가 메이크업 전문가가 될 수도 있고 여자아이가 권투를 하거나 전투기 조종사가 될 수도 있어.

- 남자와 여자는 서로를 보완해주는 능력이 있어. 하지만 누구나 존엄성을 지니고 있기 때문에 남자건 여자건 상관없이 평등하단다.

(아이가 올바른 생각을 가지고, 용기 내어 선택할 수 있도록 하려면)

- ○의 집에 간다고 했지? 넌 물론 아주 즐거운 시간을 지낼 테지만 한 가지 일러두어야 할 것이 있어. 혹시라도 네가 보기에 정상적이지 않은 상황이 벌어지거나, 너나 다른 아이들을 존중하지 않는 상황이 생긴다면, 그런 일에 동조하지 말아야 해. 네겐 옳지 않은 일을 거절할 자유가 있어. 거부하기 힘들다면 차라리 집으로 돌아오는 게 좋아.

- 다른 사람들이 하는 대로 행동하지 않는 건 쉬운 일이 아

니야. 이상한 애 취급받고, 놀림거리가 되고, 친구들이 따돌려서 왕따가 될 수도 있으니 겁나는 일이지. 그렇지만 네 안에는 강력한 힘이 있단다. 옳지 않은 일에 저항하고, 나쁜 친구들에게 끌려다니지 않을 강한 마음이 있는 거야. 물론 매우 어려운 일이라는 건 우리도 알아. 그러므로 더욱더 용기 있게 행동해야 한단다. 우리는 그런 네가 정말 자랑스러울 거야.

- 만약 누가 너한테 네가 아는 사람이나 모르는 사람의 수치스러운 사진이나 동영상을 보라고 하면, 보지 않겠다고 거절할 용기를 가져야 해. 그건 네게 몹시 안 좋은 영향을 끼쳐.

## 조심하기

- 부모의 통제 없이 아이가 컴퓨터를 하도록 방치하는 것.
- 존중받지 못하고 피해를 본 아이의 상처를 돌아보지 않는 것.

제안

- 가정에서 자녀들에게 성적 수치심에 대해 알려주세요.
- 하교 시 자녀의 안전을 보장하기 위해, 자녀들과 암호를 미리 만들어두세요. 그러면 누가 데리러 가든 암호를 확인하고 서로 안심할 수 있습니다.

## 감사의 말

이 책을 쓰는 동안 격려와 인내로 우리를 지지해준 우리 두 사람의 배우자, 제라르와 티보에게 감사를 전합니다.

변함없는 친구들에게 감사를 표합니다. 특히 시간을 내어 이 책의 내용에 대해 함께 고민해준 이네스와 엘리자베스에게 고맙습니다.

# 주


1 Adele Faber et Elaine Mazlish, Jalousies et rivalites entre freres et soeurs, Stock, 1989.

2 Veronique Lemoine Cordier, Guide de survie a l'usage des parents. Les mots pour aider votre enfant a grandir heureux, Quasar, 2013.

3 Adele Faber et Elaine Mazlish, ibid.

4 Sabine Duflo, Quand les ecrans deviennent neurotoxiques, Marabout, 2018.

5 Sabine Duflo, ibid.

6 합리적이고 인지적이며 논리적인 것을 배우기 위한 종합적인 방법으로 엘리자베스 바이에 뉘(Elisabeth Vaillé-Nuyts)의 Dyslexie, dyscalculie, dysorthographie, troubles de la memoire: prevention et remedes(난독증, 계산장애, 철자습득장애, 기억력장애: 예방과 치료)를 참조할 것.

7 엘리자베스 뉘, 라가랑드리, 론 데이비스 등의 교수법.

8 Celine Alvarez, Les Lois naturelles de l'enfant, Les Arenes, 2016.

9 Veronique Lemoine Cordier, Guide de survie a l'usage des parents 참조.

10 Aldo Naouri, Prendre la vie a pleines mains. Entretiens avec Emilie Lanez, Odile Jacob, 2014.

Collect
12

# 좋은 대답을 해주고 싶어

## 아이의 어렵고 중요한 질문에 현명하게 답하는 방법

**1판 1쇄 인쇄** 2021년 11월 10일
**1판 1쇄 발행** 2021년 11월 22일

**지은이** 베르나데트 르무안, 디안 드 보드만
**옮긴이** 김도연
**발행인** 김태웅
**기획·편집** 김지수, 하민희, 정보영
**디자인** design KEY **일러스트** 희쓰
**마케팅 총괄** 나재승
**마케팅** 서재욱, 김귀찬, 오승수, 조경현, 김성준
**온라인 마케팅** 김철영, 임은희, 장혜선, 김지식
**인터넷 관리** 김상규
**제작** 현대순
**총무** 윤선미, 안서현, 최여진, 강아담
**관리** 김훈희, 이국희, 김승훈, 최국호

**발행처** ㈜동양북스
**등록** 제2014-000055호
**주소** 서울시 마포구 동교로22길 14(04030)
**구입 문의 전화** (02)337-1737 **팩스** (02)334-6624
**내용 문의 전화** (02)337-1734 **이메일** dybooks2@gmail.com

**ISBN** 979-11-5768-757-2 13590